全国机械行业高等职业教育"十二五"规划教材
高等职业教育教学改革精品教材

数控机床故障诊断与维修实训

主　编　王丽洁
副主编　呼刚义　徐德凯
参　编　杨　鹏　吴　东
主　审　梅小宁

机　械　工　业　出　版　社

本书根据21世纪我国对数控机床加工行业高素质高技能型人才培养的需要，着重介绍数控机床故障诊断与维修实训的基本内容。

本书共11个学习领域：数控系统综合实训台的结构及其组成、数控系统的连接与调试、数控系统的参数设置与调整、步进单元的调试及使用、交流伺服系统的调试及使用、主轴单元的调试及使用、换刀机构故障的检测与排除、PLC故障的检测与排除、PLC编程与调试、梯形图程序的编写、数控机床位置精度检验与补偿。每个学习领域中的实训课题都包括实训目的与要求、相关知识概述、实训步骤与内容、实训报告与思考。

本书可作为高等职业教育机电类专业数控机床故障诊断与维修基本实训教材，也可供有关教师及工程技术人员作为参考资料或培训用书。

凡选用本书作为教材的教师，均可登录机械工业出版社教育服务网 www. cmpedu. com 下载本教材配套电子课件，或发送电子邮件至 cmpgaozhi@sina. com 索取。咨询电话：010-88379375。

图书在版编目（CIP）数据

数控机床故障诊断与维修实训/王丽洁主编．—北京：机械工业出版社，2011.2（2025.1重印）

全国机械行业高等职业教育“十二五”规划教材　高等职业教育教学改革精品教材

ISBN 978-7-111-33231-2

Ⅰ.①数…　Ⅱ.①王…　Ⅲ.①数控机床-故障诊断-高等学校：技术学校-教材②数控机床-维修-高等学校：技术学校-教材　Ⅳ.①TG659

中国版本图书馆CIP数据核字（2011）第013846号

机械工业出版社（北京市百万庄大街22号　邮政编码100037）
策划编辑：崔占军　边　萌　责任编辑：边　萌　胡大华
责任校对：陈延翔　封面设计：鞠　杨　责任印制：张　博
北京建宏印刷有限公司印刷
2025年1月第1版第10次印刷
184mm×260mm · 11印张 · 268千字
标准书号：ISBN 978-7-111-33231-2
定价：29.00元

凡购本书，如有缺页、倒页、脱页，由本社发行部调换

电话服务　　　　　　　　　　网络服务
服务咨询热线：010-88379833　机 工 官 网：www. cmpbook. com
读者购书热线：010-88379649　机 工 官 博：weibo. com/cmp1952
　　　　　　　　　　　　　　教育服务网：www. cmpedu. com
封面无防伪标均为盗版　　　金　书　网：www. golden-book. com

前　言

科学技术高速发展，使制造业发生了根本性的变化。由于数控技术的广泛应用，普通机床逐渐被高效率、高精度的数控机床所代替，形成了巨大的生产力。数控技术是关系到国家战略地位和体现国家综合国力水平的重要基础性产业，其水平高低和拥有量是衡量一个国家工业现代化的重要标志。专家们认为：21世纪机械制造业的竞争，其实质是数控技术的竞争。我国政府已把发展数控技术作为振兴机械工业的重中之重。

多年来随着我国数控机床保有量的迅速增加，数控机床的维护与维修是当前日益突出的矛盾。因此，数控机床维护与维修技能人才培养成为现代制造技术发展新的需求，也成为新的人才培养目标。

本书根据21世纪我国对数控机床加工行业高素质高技能型人才培养的需要，着重介绍数控机床故障诊断与维修实训的基本内容。

本书融理论教学、实践操作、项目训练为一体。在内容选择上，突出了普遍性、实用性、综合性和先进性的特点，主要围绕华中世纪星数控系统综合实训台，在掌握其结构原理的基础上，学生亲自动手进行系统安装、调试，并通过故障设置，学会故障诊断分析方法，科学合理地提出维修方案并修复故障；形式上采用项目教学法，适合职业教育的发展思路，根据设备结构组成，由浅入深共安排了11个学习领域，每个实训课题都包括了相应的实训目的与要求、相关知识概述、实训步骤与内容、实训报告与思考。教学的内容是完成项目的过程，学生在项目实践过程中能更好地理解和把握课程需要的知识和技能。

本书由王丽洁主编，呼刚义、徐德凯任副主编。其中学习领域1、2、3、6、7、8由王丽洁编写，学习领域4、5由杨鹏编写，学习领域9、10由呼刚义编写，学习领域11由徐德凯编写，附录由吴东编写。全书由王丽洁统稿，梅小宁担任主审。

本书可作为高等职业教育机电类专业中数控机床故障诊断与维修基本实训教材，也可供有关教师作为相关课程的参考资料或培训用书，还可供从事数控机床故障诊断与维修的工程技术人员参考。

由于数控技术的飞速发展，加上我们认识的局限性，教材难免有不足之处，恳请读者和各位同仁批评指正。

编　者

目　　录

前言
学习领域1　数控系统综合实训台的结构及其组成 …… 1
1.1　实训目的与要求 …… 1
1.2　实训仪器与设备 …… 1
1.3　相关知识概述 …… 1
1.3.1　数控系统的结构及组成 …… 1
1.3.2　数控系统的其他常用部件 …… 7
1.4　实训步骤与内容 …… 16
项目一　数控系统综合实训台的组成部件 …… 16
项目二　数控系统综合实训台部件的连接 …… 18
项目三　数控系统综合实训台的基本操作 …… 18
1.5　实训报告与思考 …… 20
学习领域2　数控系统的连接与调试 …… 21
2.1　实训目的与要求 …… 21
2.2　实训仪器与设备 …… 21
2.3　相关知识概述 …… 21
2.3.1　数控装置的接口 …… 21
2.3.2　机床电气原理及其设计 …… 29
2.4　实训步骤与内容 …… 38
项目一　数控系统的连接 …… 38
项目二　数控系统的调试 …… 47
项目三　数控系统连接故障的设置 …… 48
2.5　实训报告与思考 …… 50
学习领域3　数控系统的参数设置与调整 …… 51
3.1　实训目的与要求 …… 51
3.2　实训仪器与设备 …… 51
3.3　相关知识概述 …… 51
3.3.1　参数的概念 …… 51
3.3.2　参数的设置操作 …… 52
3.3.3　参数的详细说明 …… 54
3.4　实训步骤与内容 …… 62
项目一　数控系统参数的备份与恢复 …… 62
项目二　数控系统参数的设置 …… 63
项目三　数控系统参数的修改与调试 …… 69
项目四　数控系统参数故障的设置 …… 72
3.5　实训报告与思考 …… 73
学习领域4　步进单元的调试及使用 …… 74
4.1　实训目的与要求 …… 74
4.2　实训仪器与设备 …… 74
4.3　相关知识概述 …… 74
4.3.1　进给单元的基本知识 …… 74
4.3.2　步进电动机的工作原理 …… 75
4.3.3　步进电动机的主要特性 …… 78
4.3.4　步进电动机控制系统的主要故障及诊断 …… 79
4.4　实训步骤与内容 …… 80
项目一　步进电动机驱动器参数的设置 …… 80
项目二　步进电动机绕组的连接 …… 81
项目三　步进电动机的特性测定 …… 82
项目四　步进驱动器故障的设置 …… 83
4.5　实训报告与思考 …… 83
学习领域5　交流伺服系统的调试及使用 …… 84
5.1　实训目的与要求 …… 84
5.2　实训仪器与设备 …… 84
5.3　相关知识概述 …… 84
5.3.1　交流伺服电动机的分类及工作原理 …… 84
5.3.2　交流伺服系统的组成 …… 85
5.3.3　交流伺服系统的主要报警内容 …… 86
5.3.4　交流伺服系统的主要故障及诊断 …… 87
5.4　实训步骤与内容 …… 88
项目一　伺服驱动器的调节 …… 88
项目二　交流驱动器故障的设置 …… 90
项目三　全闭环数控系统的实现 …… 90
5.5　实训报告与思考 …… 92
学习领域6　主轴单元的调试及使用 …… 93
6.1　实训目的与要求 …… 93

6.2 实训仪器与设备 …… 93
6.3 相关知识概述 …… 93
6.3.1 数控机床主轴控制系统简介 …… 93
6.3.2 变频器的基本原理及连接 …… 94
6.3.3 变频器面板按键的定义及功能参数 …… 96
6.3.4 变频器主要报警装置及其故障诊断 …… 98
6.4 实训步骤与内容 …… 100
项目一 变频器的控制方式 …… 100
项目二 变频器智能端子的使用及电动机特性 …… 101
项目三 变频器的初始化及参数设置 …… 102
项目四 变频器故障的设置 …… 103
6.5 实训报告与思考 …… 103
学习领域 7 换刀机构故障的检测与排除 …… 104
7.1 实训目的与要求 …… 104
7.2 实训仪器与设备 …… 104
7.3 相关知识概述 …… 104
7.3.1 刀架的基本组成与工作原理 …… 104
7.3.2 刀架的电气控制 …… 104
7.4 实训步骤与内容 …… 105
项目一 刀架及换刀常见的故障及其诊断 …… 105
项目二 刀架参数故障的设置 …… 107
7.5 实训报告与思考 …… 108
学习领域 8 PLC 故障的检测与排除 …… 109
8.1 实训目的与要求 …… 109
8.2 实训仪器与设备 …… 109
8.3 相关知识概述 …… 109
8.3.1 数控系统综合实训台 PLC 的功能介绍 …… 109
8.3.2 标准 PLC 的基本操作及参数配置 …… 112
8.3.3 PLC 故障的诊断方法 …… 117
8.4 实训步骤与内容 …… 117
项目一 标准 PLC 调试的内容及方法 …… 117
项目二 标准 PLC 的修改与调试 …… 118
8.5 实训报告与思考 …… 119
学习领域 9 PLC 编程与调试 …… 120
9.1 实训目的与要求 …… 120
9.2 实训仪器与设备 …… 120
9.3 相关知识概述 …… 120
9.3.1 华中数控系统内置式 PLC 的基本原理 …… 120
9.3.2 C 语言基础知识 …… 122
9.4 实训步骤与内容 …… 125
项目一 华中数控系统 PLC 程序的编译与调试 …… 125
项目二 简单 PLC 程序的编写 …… 129
9.5 实训报告与思考 …… 133
学习领域 10 梯形图程序的编写 …… 135
10.1 实训目的与要求 …… 135
10.2 实训仪器与设备 …… 135
10.3 相关知识概述 …… 135
10.3.1 华中数控系统梯形图寄存器说明 …… 135
10.3.2 华中数控系统梯形图元件介绍 …… 135
10.3.3 华中数控系统梯形图的安装及使用 …… 135
10.4 实训步骤与内容 …… 139
项目一 基本元件的使用 …… 139
项目二 功能模块的使用 …… 141
10.5 实训报告与思考 …… 143
学习领域 11 数控机床位置精度检验与补偿 …… 145
11.1 实训目的与要求 …… 145
11.2 实训仪器与设备 …… 145
11.3 相关知识概述 …… 145
11.3.1 数控机床精度的检验 …… 145
11.3.2 数控机床位置精度的测试与补偿 …… 146
11.4 实训步骤与内容 …… 150
项目 *Z* 轴的螺距补偿 …… 150
11.5 实训报告与思考 …… 154
附录 …… 155
附录 A 数控系统综合实训台相关电路图 …… 155
附录 B 卧式车床几何精度检验项目 …… 161
附录 C 加工中心几何精度检验项目 …… 163
附录 D 卧式加工中心切削精度检验项目 …… 167
参考文献 …… 169

学习领域1　数控系统综合实训台的结构及其组成

1.1　实训目的与要求

（1）了解数控系统综合实训台的组成以及各部分的功能。

（2）掌握各部分之间的信号传输和控制关系。

1.2　实训仪器与设备

（1）数控系统综合实训台一套。

（2）专用连接线一套。

1.3　相关知识概述

1.3.1　数控系统的结构及组成

数字控制机床是采用数字控制技术对机床的加工过程进行自动控制的一类机床，它是数控技术的典型应用。它将普通机床加工中需要人工完成的部分工作，包括机床加工过程中切削速度、进给速度、进刀量等工艺参数的控制和加工中需要机床实现的辅助动作：如主轴起停、换刀、冷却液泵开闭、工件夹紧松开、润滑系统起停等，都由以计算机为核心的控制系统来完成。计算机数控系统是以计算机为核心的数控系统，它是实现数字控制的装置。计算机数控系统的组成如图1-1所示。

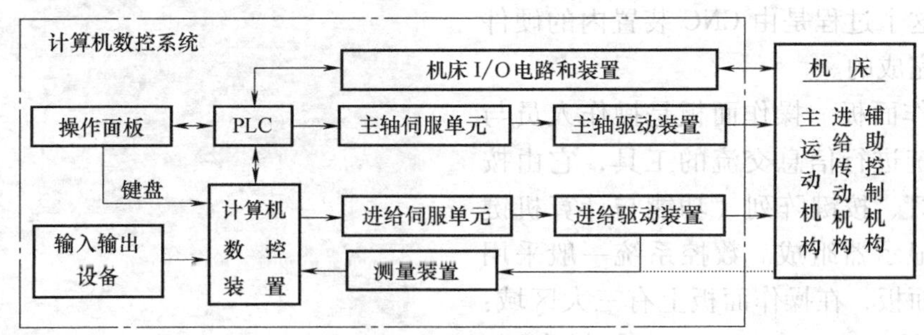

图1-1　计算机数控系统组成框图

本教材相关实训是围绕华中HED—21S型数控系统综合实训台㊀展开的。

（1）实训台的主要部件

㊀ 本书参考了实训台附带的各种设备的说明书。

1）HNC—21TF 型数控装置。

2）日立变频器及三相异步电动机。

3）三洋交流伺服驱动器及交流伺服电动机。

4）雷塞步进电动机驱动器及步进电动机。

5）工作台。

6）四工位刀架。

7）光栅尺。

8）磁粉制动器。

9）数控机床常用的电气元器件，如低压断路器、接触器、开关电源、变压器、输入/输出转接板等。

（2）实训台的主要功能

1）掌握数控系统的编程方法。

2）进行数控系统的电气设计、安装、调试、维修等实际操作。

3）掌握数控系统的控制原理、电气原理、电气设计方法、元器件的选用，内置式可编程逻辑控制器［（Programmable Logic Controller）PLC］的调试、编写与编译。

4）掌握数控系统的电气布局、安装及电气调试等方法。

5）熟悉数控机床常用的部件，以及这些部件的原理、调试方法和常见故障的维修。

6）能够模拟工业生产过程，达到工业现场实习效果。

1. 计算机数控装置（CNC 装置）

CNC（Computer Numerical Control）装置是计算机数控系统的核心，它包括微处理器 CPU、存储器、局部总线、外围逻辑电路以及与 CNC 系统其他组成部分联系的接口及相应控制软件。CNC 装置根据输入的加工程序进行运动轨迹处理和机床输入/输出处理，然后输出控制命令到相应的执行部件，如伺服单元、驱动装置和 PLC 等使其进行规定的有序的动作。CNC 装置输出的信号有：各坐标轴的进给速度、进给方向和位移指令，还有主轴的变速、换向和起停信号，选择和交换刀具的指令，控制冷却液泵、润滑系统的起停，工件和机床部件松开、夹紧，分度工作台转位辅助指令信号等。这个过程是由 CNC 装置内的硬件和软件协调完成的。

（1）操作面板　操作面板是操作人员与机床数控系统进行信息交流的工具，它由按钮站、状态灯、按键阵列（功能与计算机键盘类似）和显示器组成。数控系统一般采用集成式操作面板，在操作面板上有三大区域：显示器区、NC（Numerical Control）键盘区、机床操作控制面板区。华中世纪星 HNC—21M 型数控系统面板如图 1-2 所示。

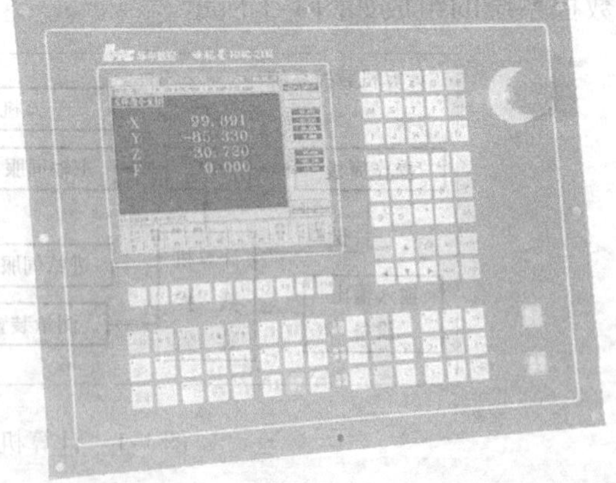

图 1-2　华中世纪星 HNC—21M 型数控系统面板图

1）显示器区一般位于操作面板的左上部，用于菜单、系统状态、故障报警的显示和加工轨迹的图形仿真。较简单的显示器只有若干个数码管，显示的信息也很有限，较高级的数控系统一般配有阴极射线管［CRT（Cathode Rey Tube）］显示器或点阵式液晶显示器，显示的信息较丰富。低档的显示器或液晶显示器只能显示字符，高档的显示器可以显示图形。

2）NC键盘包括标准化的字母数字式多文档界面［MDI（Multiple Document Interface）］键盘和F1～F10十个功能键，用于零件程序的编制、参数输入、手动数据输入和系统管理操作等。

3）机床操作控制面板［MCP（Machine Control Panel）］用于直接控制机床的动作或加工过程。一般主要包括：急停、轴手动方式、速率修调（进给修调、快进修调、主轴修调）、回参考点、手动进给、增量进给、手摇进给、自动运行、单段运行、超程解除、机床动作的手动控制。例如：冷却液泵起停、刀具夹紧与放松、主轴正反转、主轴停转等在操作面板上都有相应功能的控制按钮或旋钮。

（2）数控装置的接口　数控装置的接口是数控装置和数控系统的功能部件（主轴模块、进给伺服模块、PLC模块等）与机床进行信息传递、交换和控制的端口，也称之为接口。接口在数控系统中占有重要的位置。不同功能的模块与数控系统相连接时，应采用与其相应的输入/输出（I/O）接口。

数控装置与数控系统各个功能模块和机床之间的来往信息和控制信息，不能直接连接，而要经过I/O接口电路连接起来，为此接口电路的主要任务是：

1）进行电平转换和功率放大。因为一般数控装置的信号是TTL逻辑电路产生的电平，而控制机床的信号则不一定是TTL电平，且负载较大，因此，要进行必要的信号电平转换和功率放大。

2）提高数控装置的抗干扰性能，防止外界的电磁干扰引起误动作。接口采用光电耦合器件或继电器，避免信号的直接连接。

3）输入接口接收机床操作面板的各开关信号、按钮信号、机床上的各种限位开关信号及数控系统各个功能模块的运行状态信号，若输入的是机械触点信号，则要注意消除其接触颤动造成的干扰。

4）输出接口是将各种机床工作状态灯的信息送至机床操作面板上显示，将控制机床辅助动作信号送至电控柜以控制机床主轴单元、刀库单元、液压单元、冷却单元等部件电控系统中的继电器和接触器线圈的带电和断电，从而对机械装置进行控制。

华中世纪星数控系统的接口如图1-3所示。

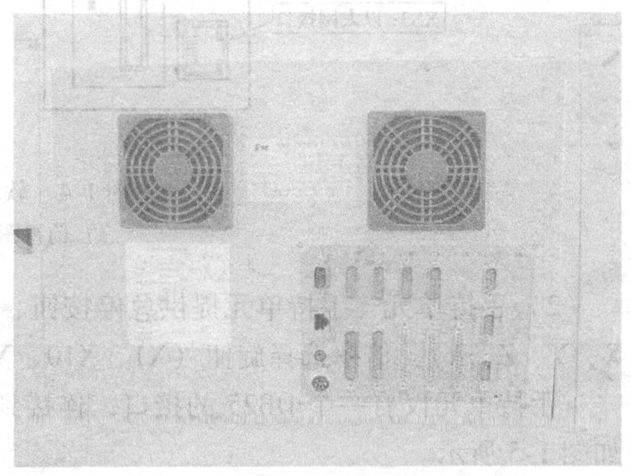

图1-3　华中世纪星数控系统接口图

华中世纪星数控系统的接口及代号功能如下。

XS1：电源接口。

XS2：外接PC键盘接口。

XS3：以太网接口。

XS4：软驱接口。

XS5：RS232 接口。

XS6：远程 I/O 板接口。

XS8：手持单元接口。

XS9：主轴控制接口。

XS10、XS11：输入开关量接口。

XS20、XS21：输出开关量接口。

XS30 ~ XS33：模拟式、脉冲式（含步进式）进给轴控制接口。

XS40 ~ XS43：串行式 HSV—11 型伺服轴控制接口。

若使用软驱单元，则 XS2、XS3、XS4、XS5 为软驱单元的转接口。

有关各接口的结构形式、连接方式将在学习领域 2 中详细介绍。

（3）数控装置的辅助部件

1）软驱单元　本系统所配套的软驱单元提供了包括 3.5in 软盘驱动器在内的 RS232 接口、PC 键盘接口、以太网接口的集成装置。需要通过转接线与 HNC—21 型数控装置连接使用。软驱单元接口如图 1-4 所示，图 1-4a 前视图接口用于和外部计算机连接，图 1-4b 后视图接口用于和数控系统连接。在软驱单元内部，已用电缆将 XS5 与 XS5’、XS2 与 XS2’、XS3 与 XS3’之间的对应引脚相连。

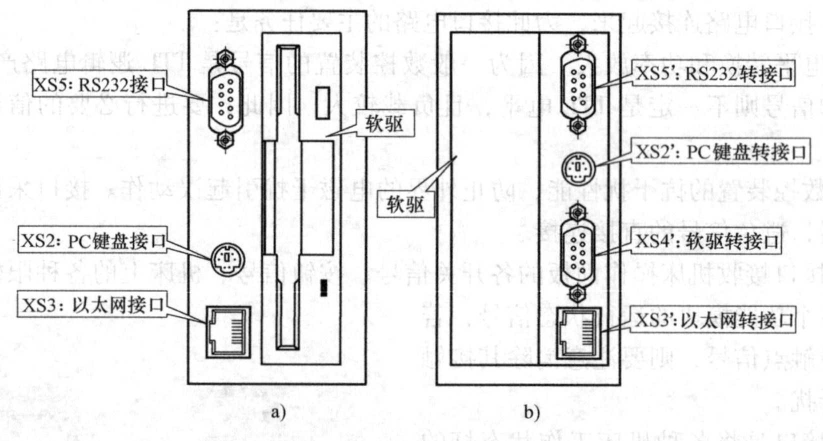

图 1-4　软驱单元接口图
a）前视图　b）后视图

2）手持单元　手持单元提供急停按钮、使能按钮、工作指示灯、坐标选择旋钮（OFF、X、Y、Z、A）、倍率选择旋钮（X1、X10、X100）及手摇脉冲发生器。

手持单元仅有一个 DB25 的接口，连接到 HNC—21 型数控装置的手持控制接口 XS8 上。如图 1-5 所示。

2. 伺服单元

伺服单元分为主轴伺服和进给伺服，分别用来控制主轴电动机和进给电动机。伺服单元接收来自 CNC 装置的进给指令，这些指令经变换和放大后通过驱动装置转变成执行部件进给的速度、方向和位移。因此伺服单元是数控装置与机床本体的联系环节，它把来自数控装置的微弱指令信号放大成控制驱动装置的大功率信号。伺服单元根据接收指令的不同，有脉冲单元和模拟单元之分；就其控制系统而言又有开环控制系统、半闭环控制系统和闭环控制系统之分，其工作原理亦有差别。

本实训台采用的伺服驱动单元有以下三种。

(1) 步进驱动单元 步进驱动器接受数控装置发出的进给脉冲信号（包含速度、位移、转向信息），将单序列脉冲信号放大并根据步进电动机类型将脉冲信号在空间展开成多相输出，驱动电动机按指令要求的转向、转速和角位移运动。步进驱动方式的分辨率取决于电动机相数、磁极对数、齿距角、电动机工作相数以及脉冲细分系数。本实训台步进驱动器采用深圳雷塞 M535 型步进电动机驱动器，该驱动器是细分型高性能步进驱动器，适合驱动中小型的各种两相或四相混合式步进电动机。该驱动器电流控制采用先进的双极性等角度恒转矩技术，每秒两万次的斩波频率。在驱动器的侧边装有一排拨码开关组，可以用来选择细分精度，以及设置动态工作电流和静态工作电流，以满足驱动器和驱动电动机匹配的要求。

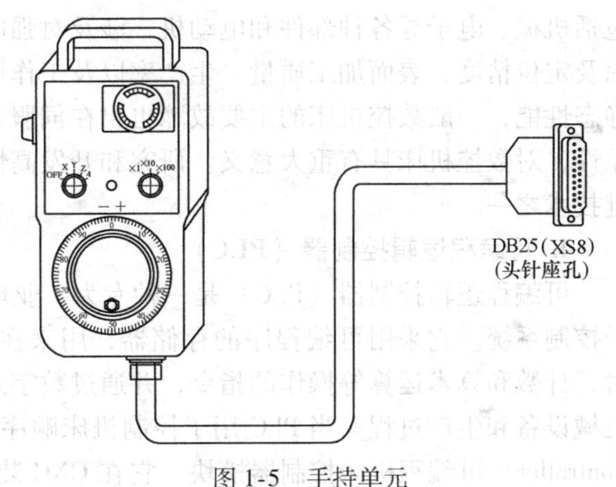

图 1-5 手持单元

(2) 交流伺服驱动单元 交流伺服驱动器接受数控装置发出的进给指令信号（脉冲、电压或数字量），将其放大并根据伺服电动机类型在空间展开成多相电压可调的交流电输出，驱动电动机按指令要求的转向、转速和角位移运动。为形成闭环控制，驱动器同时检测电动机上编码器的反馈脉冲以及电动机电流，形成双闭环控制系统。本实训台交流伺服驱动器采用 SANYO（日本三洋公司）Q 系列的 QS1A01AA0M601P00 型伺服驱动器，该驱动器可提供位置控制、速度控制和转矩控制三种控制方式，通过设置交流伺服参数并修改相应连线即可方便地实现控制模式的切换。QS1A01AA0M601P00 型伺服驱动器为三相 220V 交流输入，输入电流为 2.5A，输出电流为 2.2A。

(3) 变频主轴单元 主轴驱动器接受数控装置经 PLC 发出的转向、转速信号（经 PLC 转换为双极性电压信号），将其转换为频率可变的三相交流驱动信号，驱动主轴电动机按指令要求的转向、转速运动，并受 PLC 控制，根据控制需要实现定向停止（准停）。驱动器（实际是变频器）具有完善的保护功能，并可以通过参数设定使电动机性能得到调节。主轴电动机的转速信号经测速装置（一般采用编码器）检测并反馈到数控系统。

本实训台采用日立公司的 SJ100—007HFE 型变频器。该变频器采用正弦波脉宽调制 [PWM (Pulse Width Modulation)] 控制，额定容量为 1.9kVA，额定输入电压为三相交流 380V，额定输出电流为 2.5A，输出频率范围为 1～360Hz，适用电动机容量为 0.75kW。

3. 驱动装置

驱动装置的功能是将伺服单元的电气输出转变为机械运动，输出并驱动机械部件按照控制指令运动。它与伺服单元一起构成数控装置和机床传动部件间的联系环节，它们有的带动工作台，有的驱动刀具，通过几个轴的综合联动，使刀具相对于工件产生各种复杂的机械运动，加工出形状、尺寸、精度符合要求的零件。与伺服驱动器相对应，驱动装置也有步进电动机、直流伺服电动机和交流伺服电动机三种。

伺服单元和进给驱动装置合称为进给伺服驱动系统，它是数控机床的重要组成部分。它包括机械、电子等各种部件和电动机，涉及对强电、弱电的控制。数控机床的运动速度、跟踪及定位精度、表面加工质量、生产率以及工作可靠性，往往主要取决于伺服系统的动态和静态性能，一般数控机床的主要故障也出在伺服系统上。所以提高伺服系统的技术性能和可靠性，对数控机床具有重大意义。研究和开发高性能的伺服系统，一直是现代数控机床的关键技术之一。

4. 可编程逻辑控制器（PLC）

可编程逻辑控制器（PLC）是一种专为工业环境下应用而设计的通过数字运算操作的电子控制系统。它采用可编程序的存储器，用来在其内部存储执行逻辑运算、顺序控制、定时、计数和算术运算等操作的指令，并通过数字式、模拟式的输入和输出，控制各种类型的机械设备和生产过程。当 PLC 用于控制机床顺序动作时，称为 PMC（Programmable Machine Controller）可编程机床控制器模块，它在 CNC 装置中接收来自操作面板、机床上的各行程开关、传感器、按钮、强电柜里的继电器以及主轴控制、刀库控制的有关信号，这些信号经处理后输出，去控制相应器件的运行。

CNC 装置和 PLC 协调配合共同完成数控机床的控制。其中 CNC 装置主要完成与数字运算和管理有关的功能，如零件程序编辑、插补运算、译码、位置伺服控制等。PLC 主要完成与逻辑运算有关的一些动作，没有运动轨迹控制上的具体要求，它接受 CNC 装置的控制代码 M（辅助功能）、S（主轴转速）、T（选刀、换刀）等顺序动作信息，对其进行译码并转换成对应的控制信号，来控制辅助装置完成机床相应的开关动作，如工件的装夹、刀具的更换、冷却液泵的开、关等一些辅助动作；它还接受机床操作面板的指令，一方面直接控制机床的动作，另一方面将一部分指令送往 CNC 装置用于对加工过程的控制。

数控机床的 PLC 有内置式和独立式两种，内置式 PLC 被集成于主板内，整个系统结构紧凑；独立式 PLC 与系统通过电缆连接，结构上是独立的，在使用上可通过扩展模块来扩展控制功能或控制规模，使用比较灵活。

5. 机床本体

机床本体即数控机床的机械部件，包括主运动部件、进给运动执行部件（工作台、拖板及其传动部件）和支承部件（床身立柱等），还包括具有冷却、润滑、转位和夹紧等功能的辅助装置。加工中心类的数控机床还有存放刀具的刀库、交换刀具的机械手等部件。数控机床机械部件的组成与普通机床相似，但是由于数控机床的高速度、高精度、大切削量和连续加工等要求，其机械部件在减小摩擦、提高机械结构的响应速度以及对机械零件精度、刚度、抗震性等方面要求更高。因此，近年来设计数控机床时采用了许多新的加强刚性、减小热变形、提高精度等方面的措施。由于本教材主要介绍数控装置及其外围部件，因此数控机床的机械结构部分可参阅其他相关资料。

6. 工作台

本实训台的工作台为水平面 *XZ* 双坐标工作台，如图 1-6 所示。在工作台上集成了雷塞 57HS13 型四相混合式步进电动机、MSMA022A1C 型交流伺服电动机、光栅尺。机械部分采用滚珠丝杠传动的模块化十字工作台，用于实现目标轨迹和动作。*X* 轴执行装置通过四相混合式步进电动机，采用开环控制模式。*Z* 轴执行装置采用交流伺服电动机，交流伺服驱动器和交流伺服电动机组成一个速度闭环控制系统。安装在交流伺服电动机轴端的增量式码盘（脉冲编码器）充当位置传感器，用于间接测量机械部分的移动距离，可构成位置半闭环控制系统；也可采用安装在十字工作台上的光栅尺直接测量机械部分的移动距离，构成一个位置全闭环控制系统。

7. 电动刀架

刀架是数控机床实现刀具装夹和加工刀具自动换刀的主要部件，刀架形式多样，常用的有四方刀架、回转式刀架、排式刀架，当然加工中心的刀库和换刀机械手也可归类为自动换刀装置。

本实训台主要实现数控车床的功能，所以采用LDB4型四工位电动刀架，外形如图1-7所示。刀架电动机的起停、转向受控于PLC。换刀时，电动刀架接受数控装置通过PLC发出的换刀指令，控制刀架电动机转动寻刀，同时刀架检测刀具位置并将其信号反馈到PLC，刀具到位后，电动机反转将刀具位置锁紧并将完成换刀信息由PLC反馈到数控装置，数控系统才执行下一道指令。电动刀架的电气控制分强电和弱电两部分，强电部分由三相电源驱动三相交流异步电动机正、反向旋转，从而实现电动刀架的松开、转位、锁紧等动作。弱电部分主要由位置传感器，即发信盘构成，发信盘采用霍尔传感器发出信号。该数控电动刀架（LDB4）的电动机采用三相异步电动机，功率为90W，转速为1300r/min。

其工作过程详见学习领域7。

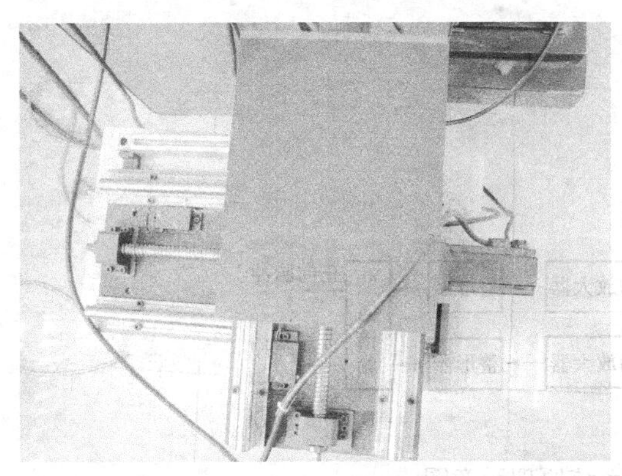

图1-6 双坐标工作台

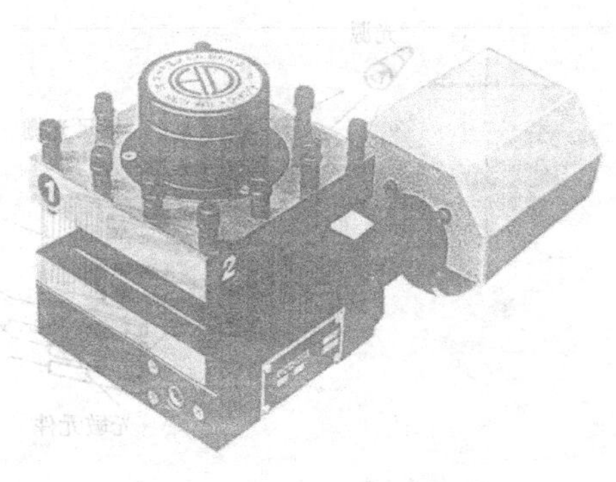

图1-7 四工位电动刀架

1.3.2 数控系统的其他常用部件

1. 测量类部件

（1）光栅尺 光栅尺是利用光的透射、衍射原理，通过光敏元件测量莫尔条纹移动的数量来测量机床工作台的位移量，一般用于机床数控系统的闭环控制。光栅尺外形如图1-8所示。

光栅主要由标尺光栅和光栅读数头两部分组成。通常标尺光栅固定在机床床身上，光栅读数头安装在运动部件上（如工作台或丝杠上），光栅读数头相对标尺光栅移动。

由于光栅尺安装在机床上，容易受到油雾、冷却液的污染，造成信号丢失，影响位置控制精度，所以对光栅尺要经常维护，保持光栅尺的清洁。另外特别是对于玻璃透射光栅尺要防止振动和敲击，以免损坏光栅尺。

下面以透射光栅为例介绍光栅尺的工作原理。

透射光栅测量系统原理示意图如图 1-9 所示，它由光源、透镜、标尺光栅、指示光栅、光敏元件和信号处理电路组成。信号处理电路包括放大、整形和鉴向倍频等。通常情况下，标尺光栅与工作台装在一起随工作台移动，光源、透镜、指示光栅、光敏元件和信号处理电路均装在一个壳体内，做成一个单独部件固定在机床上，这个部件称为光栅读数头，其作用是将光信号转换成所需的电脉冲信号。光栅读数是利用莫尔条纹的形成原理进行的，图 1-10 所示是莫尔条纹形成原理图。将指示光栅和标尺光栅叠合在一起，中间保持 0.01 ~ 0.1mm 的间隙，并且指示光栅和标尺光栅的线纹相互交叉保持一个很小的夹角 θ。当光源照射光栅时，在 a-a 线上，两块光栅的线纹彼此重合，形成一条横向透光亮带；在 b-b 线上，两块光栅的线纹彼此错开，形成一条不透光的暗带，这些横向明暗相间的条纹就是莫尔条纹。

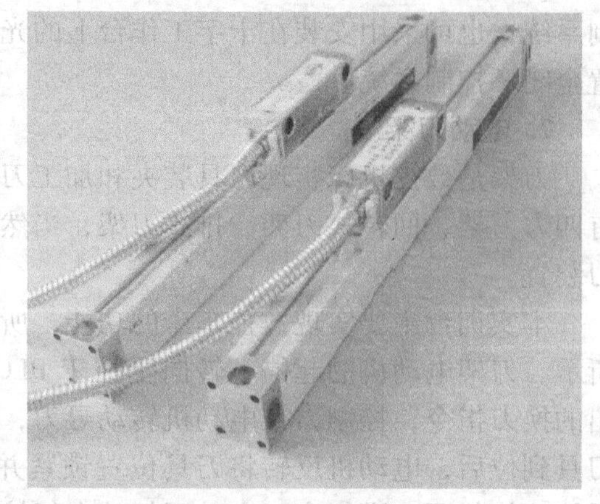

图 1-8 光栅尺

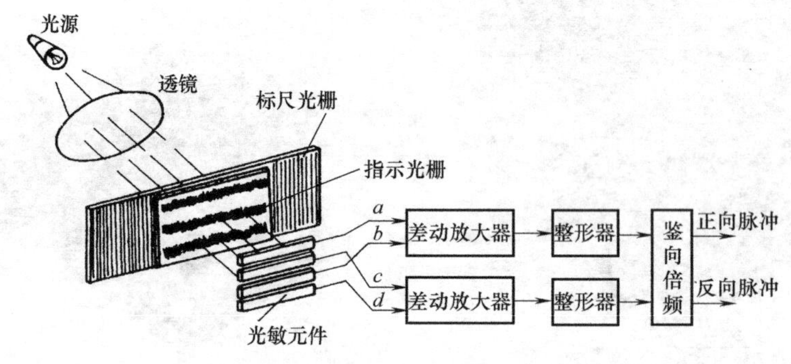

图 1-9 透射光栅测量系统原理示意图

两条暗带或亮带之间的间距叫莫尔条纹间距 B，设光栅的栅距为 W，光栅条纹夹角为 θ，则其关系为

$$B = W/2\sin(\theta/2) \tag{1-1}$$

因为夹角很小，所以可取 $\sin(\theta/2) \approx \theta/2$，故上式可改写成

$$B = W/\theta \tag{1-2}$$

由上式可见，θ 越小则 B 越大，相当于把栅距 W 扩大了 $1/\theta$ 倍后，转化为莫尔条纹。例如：栅距 $W = 0.01$mm，夹角 $\theta = 0.001$rad，则莫尔条纹的间距 $B = 10$mm，相当于扩大了 1000 倍。两块光栅每相对移动一个栅距，则光栅某一固定点的光强按明——暗——明规律变化一个周期，即莫尔条纹移动一个莫尔条纹的间距。因此，光电元件只要读出莫尔条纹的移动数，就可以知道光栅移动了多少栅距，也就知道了运动部件的准确位移量。

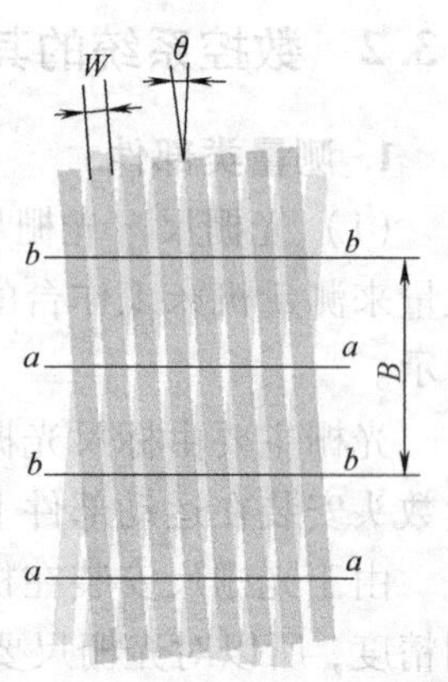

图 1-10 光栅测量产生的莫尔条纹

（2）光电脉冲编码器　数控机床上常使用光电脉冲编码器，图1-11所示为增量式光电脉冲编码器结构示意图。增量式光电脉冲编码器的测量精度取决于它所能分辨的最小角度α（分辨角或分辨率），编码器以每旋转360°提供明或暗线的数量称为分辨率，也称为解析分度或直接称为线数。而这与光电码盘圆周内所等分狭缝的条数有关，即圆光栅线纹数。

$$\alpha = 360° / \text{狭缝数} \tag{1-3}$$

由于光电编码器每转过一个分辨角就发出一个脉冲信号，因此根据脉冲数目可得出工作轴的回转角度，再由传动比换算出直线位移距离。根据脉冲频率可得工作轴的转速，根据光栅板上两个狭缝中信号相位的前后，可判断出光电码盘的正、反转方向。

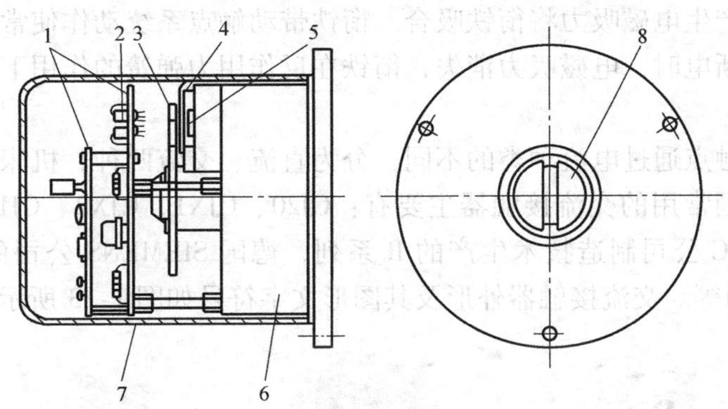

图1-11　增量式光电脉冲编码器结构示意图

1—印制电路板　2—光源　3—圆光栅　4—指示光栅轴　5—光电池组　6—底座　7—护罩　8—工作轴

2. 电气控制类部件

（1）小型断路器　小型断路器主要用于照明配电系统和控制回路，用于电路的通断控制及电路的断电、过载、短路保护，是一种手动闭合、手动或自动断开的自动电器。小型断路器结构外形及其图形文字符号如图1-12所示。

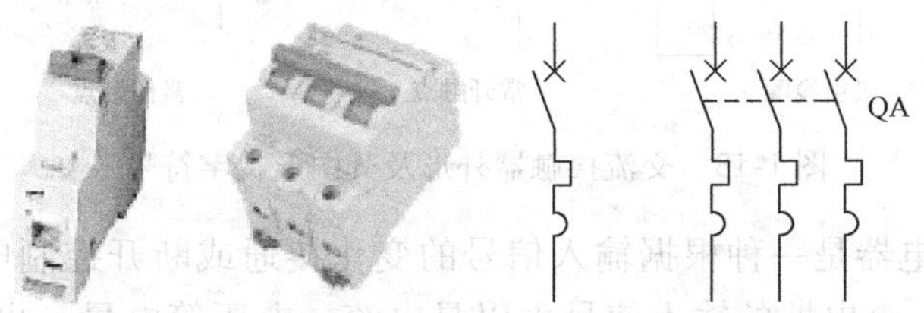

图1-12　小型断路器结构外形及其图形文字符号

机床常用MB1—63型、DZ30—32型、DZ47—60型等系列小型断路器。以DZ47—60型高分断小型断路器为例，适用于照明配电系统（C型）或电动机的配电系统（D型）。其主要用于交流50Hz/60Hz，单极230V，二、三、四极400V线路的过载、短路保护，同时也可以用在正常情况下不频繁地通、断电器装置和照明线路上。

（2）接触器　接触器是利用线圈电路控制主触点来通断负载电路的自动控制电器，同时其辅助接触点可以连接成各种功能控制电路。接触器的主触点一般只有常开触点，而辅助触点常有两对具有常开和常闭功能的触点。小型的接触器也经常作为中间继电器配合主电路使用。交流接触器的触点，由银钨合金制成，具有良好的导电性和耐高温烧蚀性。交流接触器的动作动力来源于交流电磁铁，电磁铁由两个“山”字形的硅钢片叠成，其中一个固定并在上面套上线圈，线圈工作电压有多种规格可供选择。为了使磁力稳定，铁心的吸合面加上短路环。交流接触器在失电后，依靠弹簧复位。另一个是活动铁心，构造和固定铁心一样，用以带动主触点和辅助触点的闭合与断开。20A 以上的接触器加有灭弧罩，利用断开电路时产生的电磁力，快速拉断并熄灭电弧，以保护触点不被烧蚀。交流接触器作为一个常用元件，其外形和性能在不断提高，但是功能始终不变。无论技术发展到什么程度，普通的交流接触器在电气控制系统中还是占有重要的位置。

接触器主要用来频繁地接通或分断带有负载的主电路（如电动机、电磁铁、电加热器）。接触器由电磁机构、触点系统、灭弧装置及其他部件四部分组成。其工作原理是当线圈通电后，静铁心产生电磁吸力将衔铁吸合。衔铁带动触点系统动作使常闭触点断开、常开触点闭合。当线圈断电时，电磁吸力消失，衔铁在反作用力弹簧的作用下释放，触点系统随之复位。

接触器按其主触点通过电流种类的不同，分为直流、交流两种，机床上应用最多的是交流接触器。目前我国常用的交流接触器主要有：CJ20、CJX1、CJX2、CJ12 和 CJ10 等系列，以及引进的德国 BBC 公司制造技术生产的 B 系列，德国 SIEMENS 公司的 3TB 系列，法国 TE 公司的 LC1 系列等。交流接触器外形及其图形文字符号如图 1-13 所示。

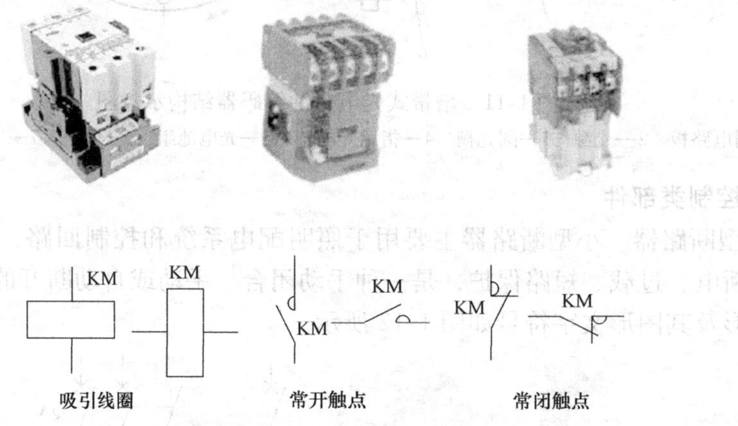

图 1-13　交流接触器外形及其图形文字符号

（3）继电器　继电器是一种根据输入信号的变化接通或断开控制电路，从而实现控制目的的自动控制电器。继电器的输入信号可以是电流、电压等电量，也可以是温度、速度、压力等非电量，输出为相应的触点动作。

继电器的种类很多，按输入信号的性质可分为：电压继电器、电流继电器、时间继电器、温度继电器和速度继电器等。按工作原理可分为：电磁式继电器、感应式继电器、电动式继电器和热继电器等。

1）电磁式继电器　电磁式继电器的结构和工作原理与电磁式接触器相似，也是由电磁机构、触点系统和释放弹簧等部分组成。根据外来信号（电压或电流），利用电磁原理使衔铁产生闭合动作，从而带动触点动作，使控制电路接通或断开，实现控制电路状态的改变。值得注意的是，继电器的触点不能用来接通和分断负载电路，这也是继电器的作用和接触器的作用的区别。图 1-14 所示为电磁式继电器外形及其图形文字符号。电磁式继电器有许多种类，但一般图形符号是相同的。

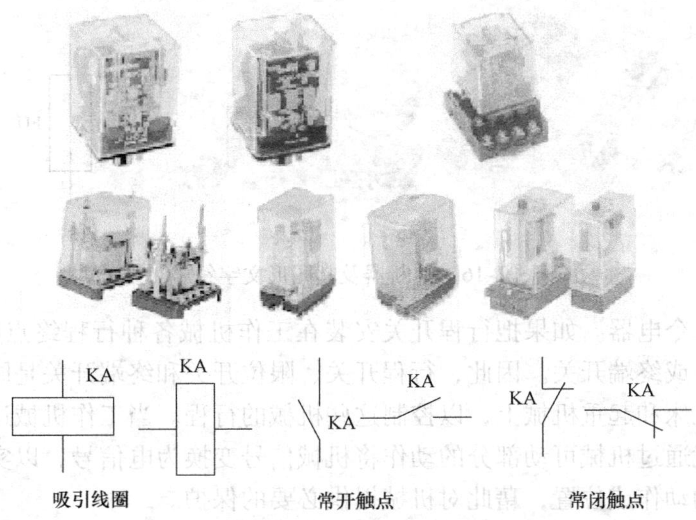

图 1-14　电磁式继电器外形及其图形文字符号

2）电磁式继电器的分类　电磁式继电器按吸引线圈电流种类的不同，分为交流和直流两种。其结构及工作原理与接触器相似，但因继电器一般用来接通和断开控制电路，故触点电流容量较小（一般 5A 以下）。由于电磁式继电器具有工作可靠、结构简单、制造方便、寿命长等一系列优点，故在数控机床电气控制系统中应用最为广泛。

3）固态继电器　固态继电器简称为 SSR，是一种新型无触点继电器。固态继电器是用晶体管或晶闸管替代普通继电器的触点开关，而在前级中与光电耦合器融为一体，因此固态继电器实际上是一种带光电耦合器的无触点开关。固态继电器是具有 2 个输入端和 2 个输出端的 4 端元件，按输出端负载电源类型可分为直流型和交流型两类，其区别主要在作为输出负载开关控制的元件是晶体管还是双向晶闸管。由于固态继电器可靠性高、开关速度快、使用寿命长、输入控制电流小、便于小型化而获得了广泛应用。图 1-15 所示为交流固态继电器内部原理电路。

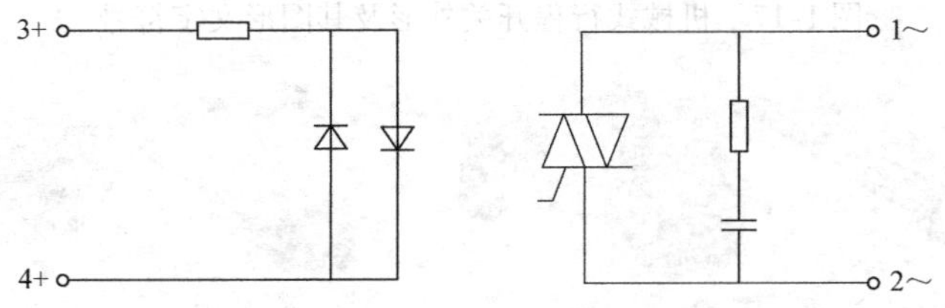

图 1-15　交流固态继电器内部原理电路

（4）熔断器　熔断器是一种应用广泛的最简单有效的保护电器。在使用时，熔断器串接在所保护的电路中，当电路发生短路或严重过载时，它的熔体能自动迅速熔断，从而切断电路，使导线和电气设备不致损坏。

熔断器主要由熔体和安装熔体的熔管（或熔座）两部分组成。熔体一般由熔点低，易于熔断、导电性良好的合金材料制成，熔体熔断后再次工作时必须更换熔体。图 1-16 所示为熔断器及其图形文字符号。

（5）行程开关　行程开关是用来反映工作机械的行程，从而发出信号以控制其运动方

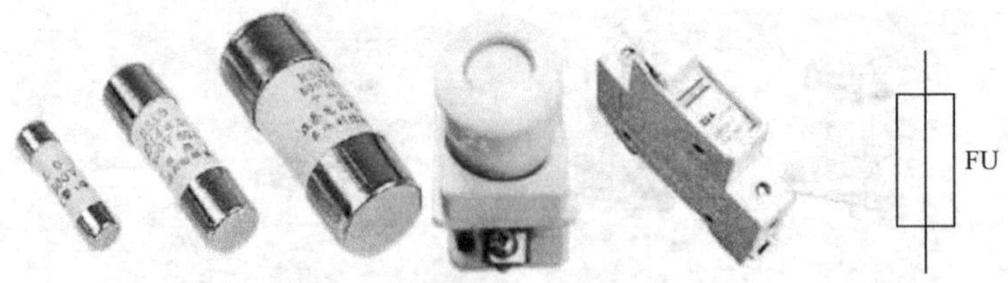

图 1-16 熔断器及其图形文字符号

向或行程大小的主令电器。如果把行程开关安装在工作机械各种行程终点处，限制其行程，它就称为限位开关或终端开关。因此，行程开关、限位开关和终端开关是同一种开关。它们被广泛用于各类机床和起重机械上，以控制这些机械的行程。当工作机械运动到某一预定位置时，行程开关就通过机械可动部分的动作将机械信号变换为电信号，以实现对机械的电气控制，限制它们的动作或位置，藉此对机械提供必要的保护。

行程开关有机械式和电子式两种。机械式行程开关必须由外力来触发其触动机构才能使其内部的微动开关闭合或断开。电子式行程开关则是利用电磁感应原理或磁感应原理或光电控制原理，实现无接触触发，其内部开关也是由电子元件的导通或截止来实现，所以响应速度快、可靠性高，被广泛应用于数控机床的超程控制和换刀机构的刀位检测。图 1-17 所示为机械式行程开关外形及其图形文字符号，图 1-18 所示为电子式行程开关外形及其图形文字符号。

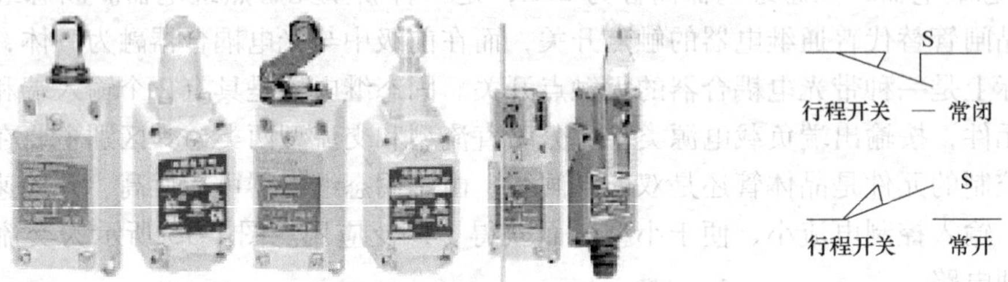

图 1-17 机械式行程开关外形及其图形文字符号

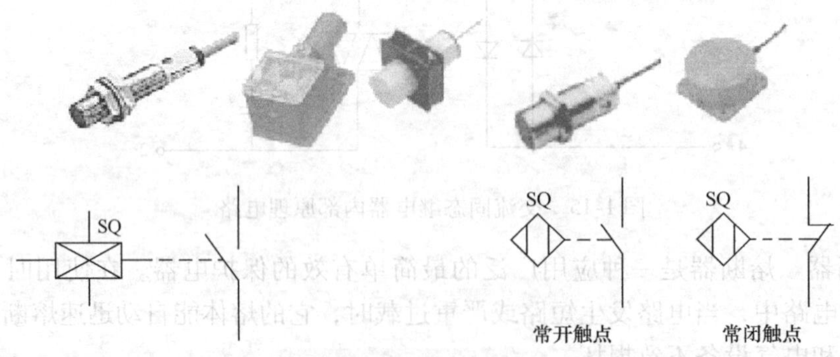

图 1-18 电子式行程开关外形及其图形文字符号

（6）控制按钮、指示灯 按钮通常用来接通或断开控制电路（其中电流很小），从而控制电动机或其他电器设备的运行。按钮中原来就接通的触点，称为常闭触点；原来就断开的触点，称为常开触点。按钮开关外形及其符号如图 1-19 所示。国标对按钮的颜色和标识都有要求，根据这些要求可以正确地设计、识别按钮的功能及含义。表1-1列举了常用按钮开关颜色的含义。

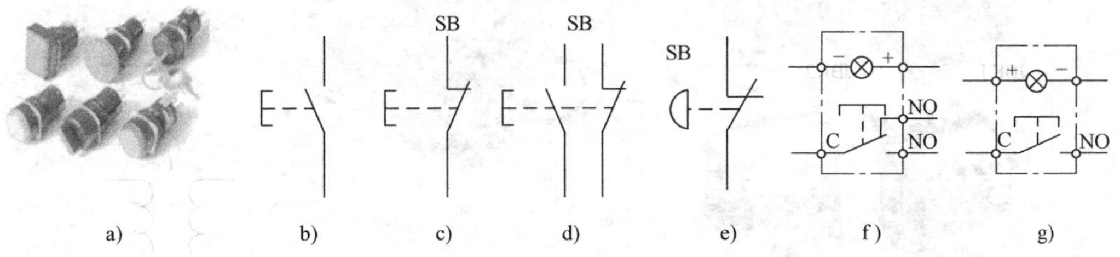

图1-19　按钮开关外形及其符号

a）外形　b）常开触点　c）常闭触点　d）复式触点　e）紧急停止　f）按钮带锁　g）按钮带灯

表1-1　常用按钮开关颜色的含义

颜　色	含　义	说　明	应用示例
红	紧急	危险或紧急状态时操作	急停
黄	异常	异常情况时操作	干预制止自动循环或重新起动
绿	正常	正常起动时操作	起动按钮
蓝	强制性	要求强制动作状态时操作	复位
白	自定义	除紧急停止外的一般功能起动时操作	优先起动、停止
灰			
黑			自定义

指示灯是用来表示控制系统的目前状态或对于某种操作的确认和响应。不同的颜色（红、绿、黄、白、蓝）和不同的指示方式（常亮或闪烁）可以表达出不同的信息，表1-2说明了指示灯的各种颜色所代表的含义。

表1-2　指示灯颜色的含义

颜　色	含　义	说　明	操作者的动作
红	紧急	危险情况	立即动作处理危险情况
黄	异常	异常情况或紧急临界状态	监视或干预系统状态
绿	正常	正常情况	
蓝	强制性	提示操作者需要进行动作	强制性动作
白	自定义	其他情况	监视

3. 电源电器

（1）变压器　变压器是一种将某一数值的交流电压变换成频率相同但数值不同的交流电压的静止电器。变压器种类较多，按其功能可分为电力变压器和控制变压器，按其电源形式又可分为单相变压器和三相变压器，按其铁心结构又可分为E形铁心和口形铁心变压器。

1）机床控制变压器　机床控制变压器适用于频率为50～60Hz，输入电压不超过660V的电路。可作为各类机床、机械设备等一般电器的控制电源；步进电动机驱动器、局部照明及指示灯的电源。图1-20所示为机床控制变压器外形及其图形文字符号。

2）三相变压器　现在普遍采用的三相交流系统中，三相电压的变换可用三台单相变压

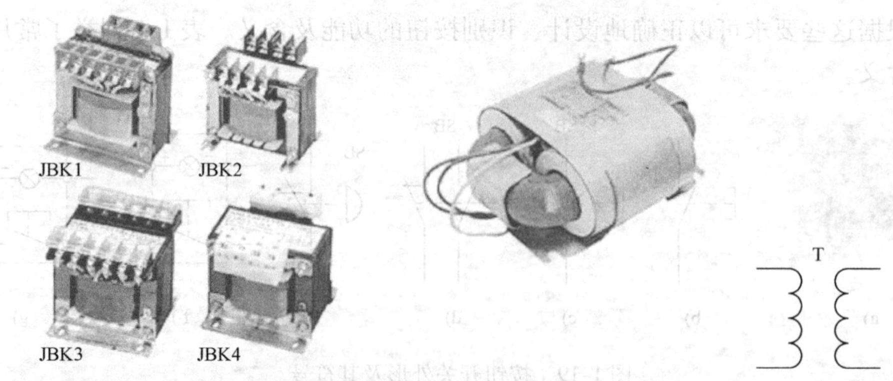

图 1-20　机床控制变压器外形及其图形文字符号

器，也可用一台三相变压器。从经济性和缩小安装体积等方面考虑，可优先选择三相变压器。在数控机床中三相变压器主要是给伺服系统提供动力电源。图 1-21 所示为三相变压器外形及其图形文字符号（星形——三角形联结）。

图 1-21　三相变压器外形及其图形文字符号

3）变压器的选择　选择变压器的主要依据是变压器的额定值。根据设备的需要，变压器有标准和非标准两类。以下分别介绍这两类变压器的选择方法。

① 标准变压器

ⅰ. 根据实际情况选择一次额定电压 U_1（380V，220V），再选择二次额定电压 U_2，U_3，…（二次侧额定值是指一次侧加额定电压时，二次侧的空载输出电压。当二次侧带有额定负载时，输出电压将下降 5%，因此选择输出额定电压时应略高于负载额定电压）。

ⅱ. 根据实际负载情况，确定二次绕组额定电流 I_1、I_2、I_3、…，一般绕组的额定输出电流应大于等于额定负载电流。

ⅲ. 二次额定容量由总容量确定。总容量的计算方法为

$$P_2 = U_2I_2 + U_3I_3 + U_4I_4 + \cdots$$

② 非标准变压器　非标准变压器设计时常常需要设计者根据要求自己制定变压器的规格，这种非标准变压器的选择方法如下。

ⅰ. 选择一次额定电压 U_1（如 380V，220V），电源频率（如 50Hz），二次电压、电流及总容量，方法与标准变压器相同。一次侧、二次侧之间的屏蔽层根据要求选用。有特殊绝缘要求的二次绕组，应提出耐压要求；引出线端及排列有特殊要求的，应该用图示加以说明；有防护等级要求及外形尺寸限制等其他条件的，应与制造商协商解决。

ⅱ. 变压器的选用除了要满足变压比之外，还要考虑变压器性价比，要优先选用输出电压规格齐全的变压器，以达到只用一个变压器实现多电压挡输出，能够同时满足控制电路、

照明电路、标准电器等对不同电压的要求，这样即节约了成本，又节省了安装空间。

(2) 直流稳压电源 直流稳压电源的功能是将非稳定交流电源变成稳定直流电源。在数控机床中，需要稳压电源给驱动器、控制单元、小直流继电器、信号指示等提供直流电源，数控机床中主要使用开关电源和一体化开关电源。

1) 开关电源 开关电源被称作高效节能电源，因为内部电路工作在高频开关状态，所以自身消耗的能量很低，电源效率可达80%左右，比普通线性稳压电源高出近一倍。开关电源还具有完善的短路、过载和过电流保护功能，电路状态异常时电源自动关断，故障消除后电源自动恢复。目前生产的无工频变压器小功率开关电源中，仍普遍采用脉冲宽度调制器（简称脉宽调制器PWM）或脉冲频率调制器（简称脉频调制器PFM）专用集成电路。它们是利用体积很小的高频变压器来实现电压变化及电网隔离，因此能省掉体积笨重且损耗较大的工频变压器。图1-22所示为开关电源的外形及其图形文字符号。

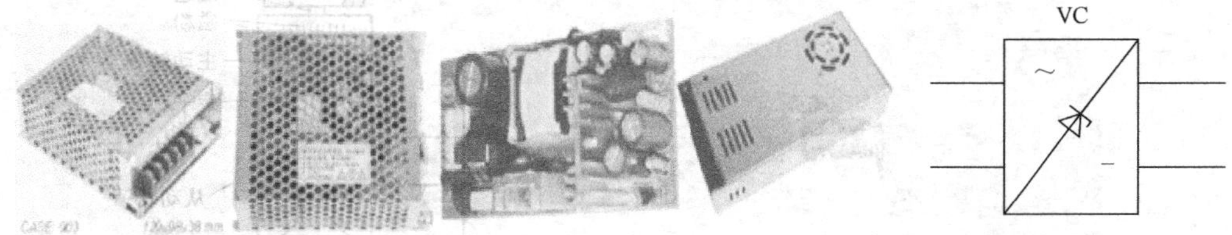

图1-22 开关电源的外形及其图形文字符号

2) 一体化开关电源 一体化开关电源是采用传导冷却方式的开关电源。由于开关电源的电子元件性能受温度变化影响，较高温度时其输出性能会下降，负载能力降低，输出电压波纹率增大，所以保持电路工作于较低的恒定温度就能可靠保证电源的输出性能。一体化开关电源是采用强制风冷或液冷方式来实现温度恒定的，而且采取了较好的密封措施，使电源的输出性能和适应环境的能力大大增强。一体化开关电源的外形如图1-23所示。

图1-23 一体化开关电源的外形

3) 开关电源的选用 选用开关电源时，主要考虑几个方面：电源的输出功率和输出组数、电源的结构尺寸、电源的安装方式及安装孔位、电源的冷却方式、电源的绝缘强度、电源的电磁兼容性及使用环境条件等。

为了提高系统的可靠性，一般建议电源工作在50%～80%的满负载状态，并尽量选择厂家生产的标准电源。要确定电源的输入电压范围，并注意电源的通风散热和使用环境，当散热条件较差、不能保证电源密封性、现场油污大及粉尘较多时可考虑采用一体化开关电源。

4. 磁粉制动器

磁粉制动器是以磁粉（软磁材料）为介质传递转矩的一种电磁器件。它可以作为电磁联轴器来使用，也可以将其中一个转动零件固定，作为电控制动器来使用。磁粉制动器的励磁电流和传递转矩基本成线性关系，在与滑差无关的情况下，能够传递一定的转矩。具有响应速度快、结构简单等优点，是一种用途广泛、性能优良的自动控制元件。磁粉制动器广泛应用于各种机械中实现的制动、加载以及对卷绕系统中放卷张力的控制等；还可用于缓冲起动、过载保护、调速等。本实训台采用磁粉制动器来进行主轴电动机的制动控制，其型号为 CZ—0.5，额定转矩为 5N · m（带恒流控制器）。图 1-24 所示为 CZ—型机座式磁粉制动器外形图。

磁粉制动器工作原理如图 1-25 所示，在主动转子和从动转子（均为软磁材料）间的工作间隙中填充磁粉，当电流通过励磁线圈时，产生垂直于工作间隙的磁通，使磁粉聚集而形成磁粉链。此时磁粉粒子之间产生由磁力和机械力联合作用的抗剪力，以传输转矩。励磁电流消失时，磁粉处于自由松散状态，制动器的主、从动转子分离。

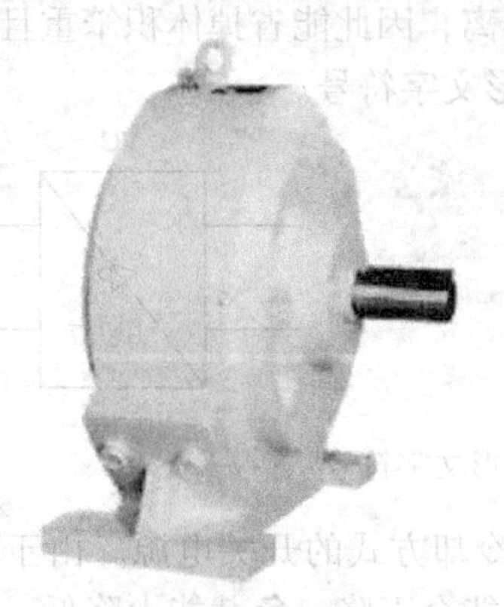

图 1-24 CZ—型机座式磁粉制动器外形

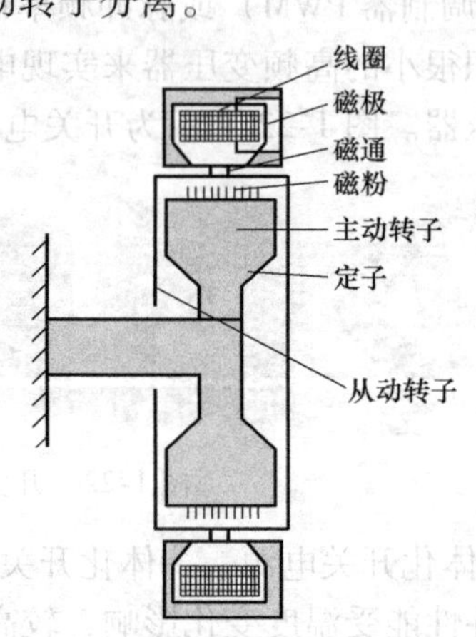

图 1-25 磁粉制动器工作原理

5. 导线和电缆

数控机床上主要有三种导线：动力线、控制线、信号线。

导线的选择应适用于工作条件（如电压、电流、电击的防护）和可能存在的外界影响（如环境温度、湿度或存在腐蚀性物质燃烧危险和机械应力，包括安装期间的应力），因而导线的横截面积、材质（铜或铝等）和绝缘材料都是设计时需要考虑的。具体选择可以参照相关的电气工程手册。

在本实训台上，用于各控制部件的连接导线和电缆已经按设计要求裁剪压制完成，其中数控装置和各部件的连接所用的专用电缆由系统制造厂家提供，若自行制作必须参照厂家所提供的连接端子图，正确连接插装件。

1.4 实训步骤与内容

项目一 数控系统综合实训台的组成部件

1. 实训步骤

（1）了解数控系统综合实训台的结构组成，各部件的名称、位置及信号的传输与控制关系。

（2）测绘接口、指出各组成部件名称、功能及其原理或作用。

2. 实训内容

（1）按照下面的提示，找出数控系统综合实训台的各主要部件，并对其相应的功能进行简单描述。

1）数控系统综合实训台所使用的数控系统型号是________________，该数控系统可以驱动的伺服系统按指令接口类型有________________、________________、________________。

2）对照实训台，指出输入/输出装置中输入端子板和输出继电器板，每块输入端子板有__________位开关量输入端子。每块输出继电器板集成了__________个单刀单投的继电器、________个双刀双投的继电器。

（2）数控系统综合实训台组成部件的型号和功能可对照实训台，填写表1-3。

表1-3　实训台组成部件

序　号	名　称	型　　号	功能描述
1	步进驱动		
2	伺服驱动		
3	变频器		
4	光栅尺		
5	脉冲编码器		
6	断路器		
7	接触器		
8	继电器		
9	行程开关		
10	变压器		
11	直流稳压电源		
12	电动刀架		
13	磁粉制动器		
14	工作台		

（3）数控系统各接口名称和功能可对照实训台，填写表1-4。

表1-4　数控系统各接口名称和功能

序　号	接口代号	接口名称	功能描述
1	XS1		
2	XS2		
3	XS3		
4	XS4		
5	XS5		
6	XS6		
7	XS8		
8	XS9		
9	XS10、XS11		
10	XS20、XS21		
11	XS30 ~ XS33		
12	XS40 ~ XS43		

项目二 数控系统综合实训台部件的连接

1. 实训步骤

（1）掌握数控系统综合实训台各个组成部件之间的连接，明确各个信号线的来源和去向。

（2）画出数控系统综合实训台的信号流程框图。

2. 实训内容

根据图1-26所示，进行数控系统综合实训台的连接。

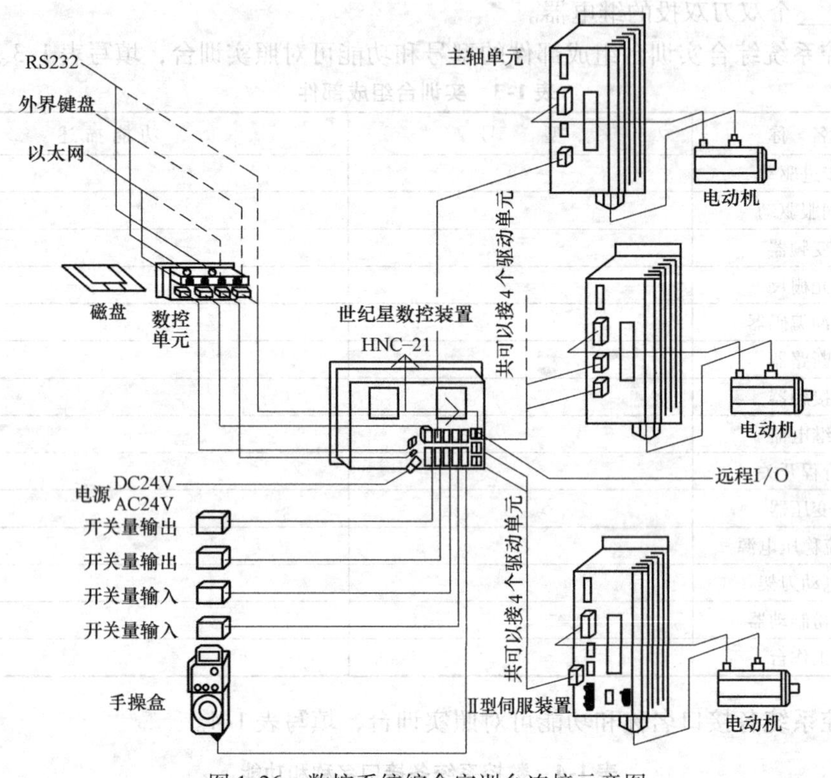

图1-26 数控系统综合实训台连接示意图

项目三 数控系统综合实训台的基本操作

1. 实训步骤

（1）了解数控系统综合实训台的基本操作方法。

（2）进行数控系统综合实训台实际操作，运行并演示程序。

2. 实训内容

（1）数控系统综合实训台上电顺序为______________________________。

（2）HNC—21T型华中世纪星车床数控装置操作台如图1-27所示。

（3）HNC—21T型数控车床的软件操作界面如图1-28所示。其界面由如下几个部分组成。

① 图形显示窗口。

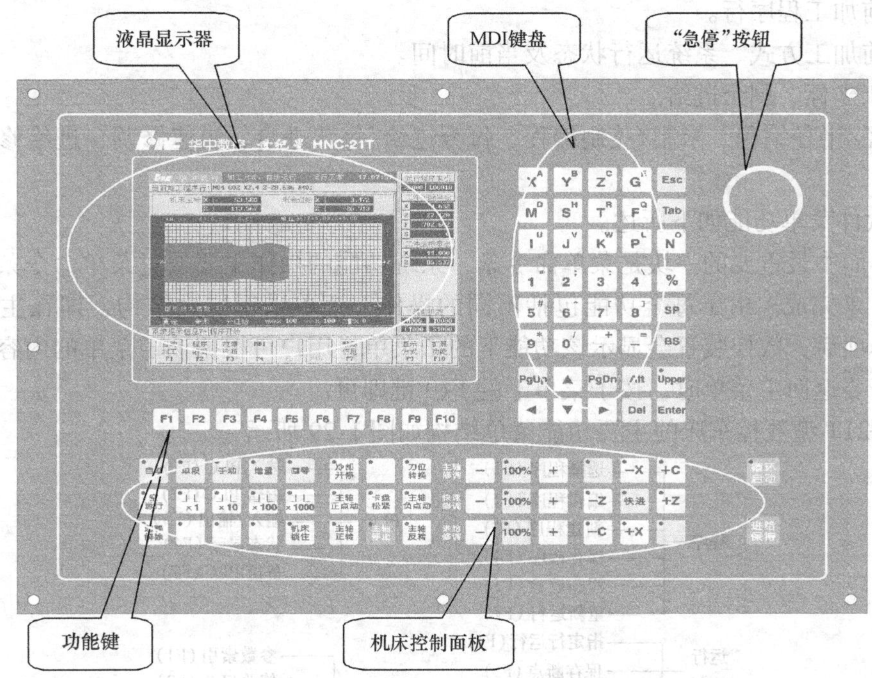

图 1-27　HNC—21T 型华中世纪星车床数控装置操作台

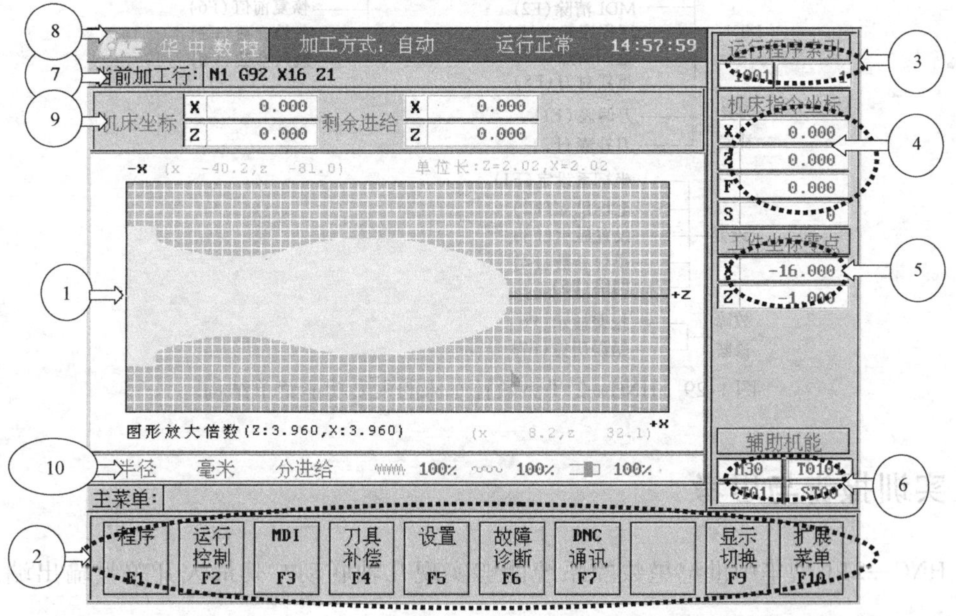

图 1-28　HNC—21T 型数控车床的软件操作界面

② 菜单命令条。

③ 运行程序索引。

④ 选定坐标系下的坐标值。

⑤ 工件坐标零点。

⑥ 辅助机能。

⑦ 当前加工程序行。

⑧ 当前加工方式、系统运行状态及当前时间。

⑨ 机床坐标、剩余进给。

⑩ 直径/半径编程、米制/英制编程、每分进给/每转进给、快速修调、进给修调、主轴修调。

（4）软件菜单功能如下所述。

操作界面中最重要的一块是菜单命令条，系统功能的操作主要通过菜单命令条中的功能键 F1 ~ F10 来完成。由于每个功能包括不同的操作，菜单采用层次结构，即在主菜单下选择一个菜单项后，数控装置会显示该功能下的子菜单，用户可根据该子菜单的内容选择所需的操作。当要返回主菜单时，按子菜单下的 F10 键即可。

HNC—21T 型数控车床的主要功能菜单结构如图 1-29 所示。

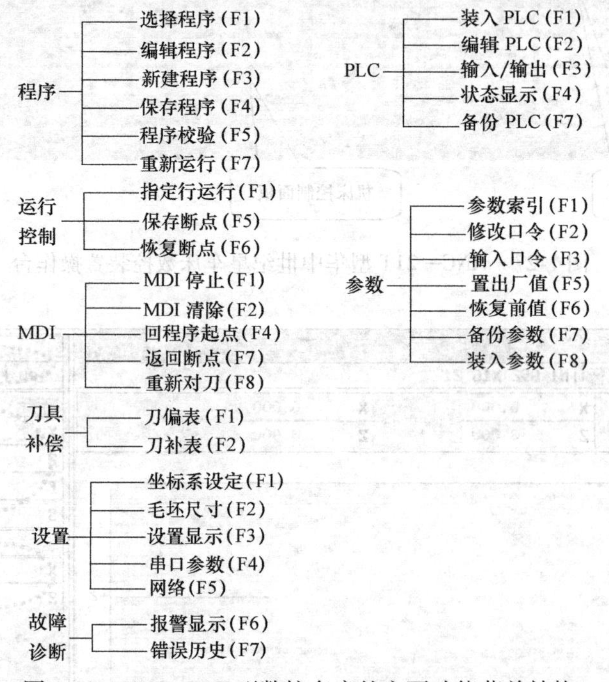

图 1-29 HNC—21T 型数控车床的主要功能菜单结构

1.5 实训报告与思考

1. HNC—21T 型华中世纪星数控系统能够实现几轴联动？其最大开关量输出端口有多少个？

2. 数控系统中 RS232 接口的主要用途是什么？

3. 伺服驱动器接受数控装置发出的指令信号有哪几种？伺服驱动器与数控系统中的 PLC 有没有信号连接？

4. 列举一个数控系统应用实例。

5. 用框图将数控综合实训台的结构表示出来。

6. 描述数控系统综合实验台的连接及基本操作。

学习领域2　数控系统的连接与调试

2.1　实训目的与要求

（1）了解数控系统的接口形式和功能。

（2）读懂电气原理图，通过电气原理图能独立进行数控系统各部件之间的连接。

（3）掌握各部件的连接方式和调试方法。

2.2　实训仪器与设备

（1）数控系统综合实训台一套。

（2）专用连接线一套。

（3）万用表一只。

（4）扳手、螺钉旋具等工具一套。

2.3　相关知识概述

2.3.1　数控装置的接口

HED—21S 型数控系统综合实训台采用华中数控股份有限公司“世纪星” HNC—21TF 型车床数控装置，数控装置的接口如图 2-1 所示。

1. 数控装置各接口及管脚定义

（1）电源接口 XS1　电源接口及管脚定义如图 2-2 所示。注意：XS1 的 6 脚在内部已与数控装置的机壳接地端子连通。由于电源线电缆中的地线较细，因此，必须单独增加一根截面积不小于 2.5mm^2 的黄绿色铜导线作为地线与数控装置的机壳接地端子相连。

（2）PC 键盘接口 XS2　PC 键盘接口及管脚定义如图 2-3 所示。注意：可以直接接 PC 键盘，也可以通过软驱单元转接。

（3）以太网接口 XS3　通过以太网口与外部计算机连接是一种快捷、可靠的方式，以太网接口及管脚定义如图 2-4 所示。以太网口与外部计算机连接有两种方式。

1）直接电缆连接（如图 2-5、图 2-6 所示）。

2）通过局域网连接（如图 2-7、图 2-8 所示）。

（4）软驱接口 XS4　软驱接口及管脚定义如图 2-9 所示。

（5）RS232 接口 XS5　RS232 接口及管脚定义如图 2-10 所示。HNC—21 型数控装置可以通过 RS232 接口与外部计算机连接，并进行数据交换与共享。在硬件连接上，可以直接由 HNC—21 型数控装置背面的 XS5 接口连接，也可以通过软驱单元上的串口接口进行转接。数控装置通过 RS232 接口与 PC 连接如图 2-11、图 2-12 所示。

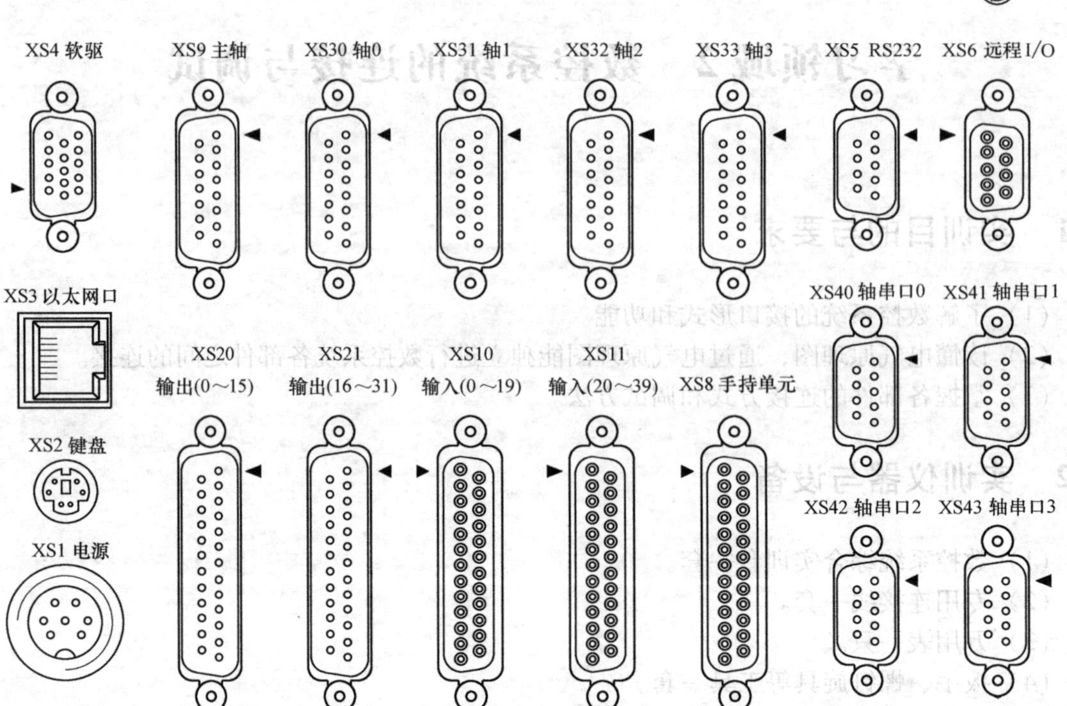

图 2-1 数控装置的接口

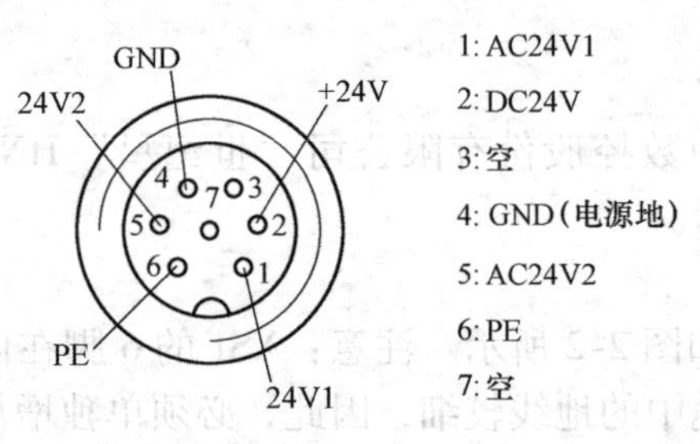

管脚号	信 号 名	说 明
1、5	AC24V1/2	交流 24V 电源
2	DC24V	直流 24V 电源
3	空	
4	GND(电源地)	直流 24V 电源地
6	PE	地
7	空	

图 2-2 电源接口及管脚定义

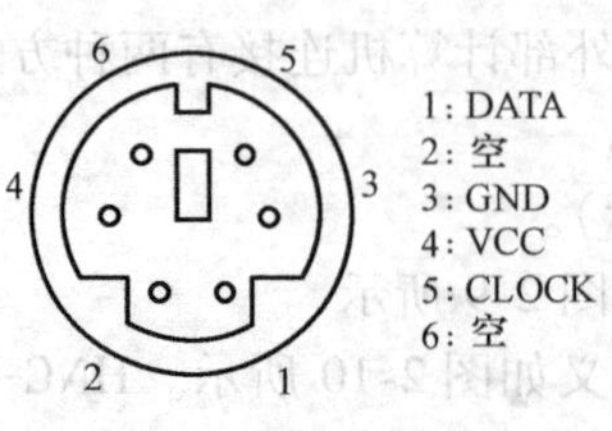

管脚号	信 号 名	说 明
1	DATA	数据
2	空	
3	GND	电源地
4	VCC	电源
5	CLOCK	时钟
6	空	

图 2-3 PC 键盘接口及管脚定义

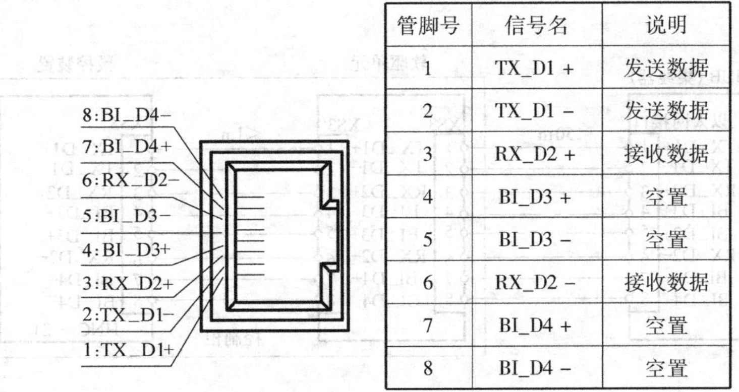

管脚号	信号名	说明
1	TX_D1 +	发送数据
2	TX_D1 −	发送数据
3	RX_D2 +	接收数据
4	BI_D3 +	空置
5	BI_D3 −	空置
6	RX_D2 −	接收数据
7	BI_D4 +	空置
8	BI_D4 −	空置

图 2-4　以太网接口及管脚定义

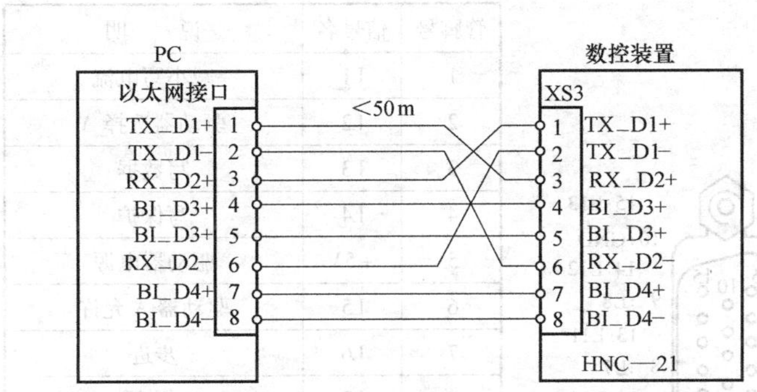

图 2-5　以太网接口与外部计算机直接电缆连接（无软驱单元的情况）

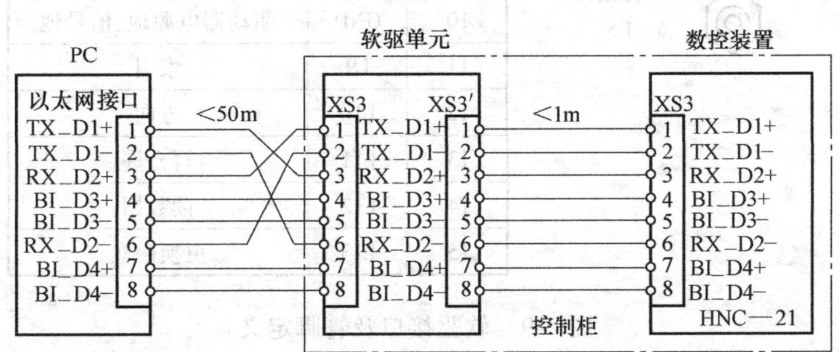

图 2-6　以太网接口与外部计算机直接电缆连接（有软驱单元的情况）

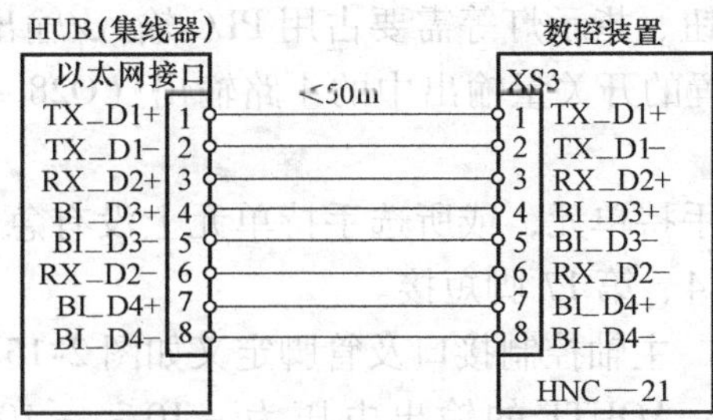

图 2-7　数控装置通过以太网接口与外部计算机局域网连接
（无软驱单元的情况）

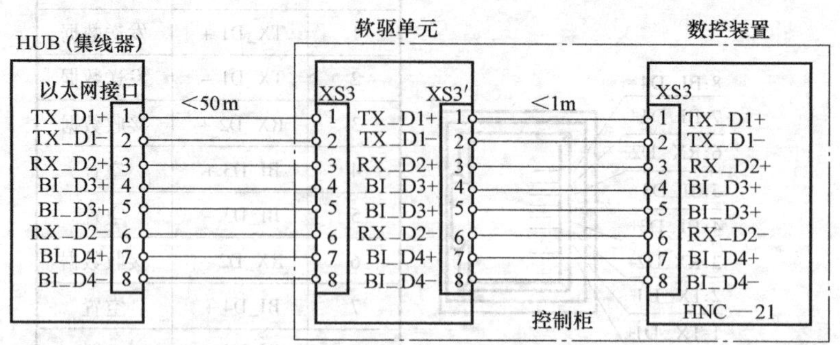

图 2-8 数控装置通过以太网接口与外部计算机局域网连接（有软驱单元的情况）

管脚号	信号名	说 明
1	L1	减小写电流
2	L2	驱动器选择 A
3	L3	写数据
4	L4	写保护
5	+5V	驱动器电源
6	L5	驱动器 A 允许
7	L6	步进
8	L7	0 磁道
9	L8	盘面选择
10	GND	驱动器电源地、信号地
11	L9	索引
12	L10	方向
13	L11	写允许
14	L12	读数据
15	L13	更换磁盘

图 2-9 软驱接口及管脚定义

（6）远程 I/O 接口 XS6 远程 I/O 接口及管脚定义如图 2-13 所示。

（7）手持单元接口 XS8 手持单元接口及管脚定义如图 2-14 所示。手持单元中坐标选择、增量倍率选择、使能按钮、指示灯等需要占用 PLC 输入/输出开关量。因此，手持单元接口（XS8）占用了数控装置的开关量输出中的 4 路输出（O28 ~ O31）、开关量输入中的 8 路输入（I32 ~ I39）。

注意：若系统中未选用手持单元，或所选手持单元上没有急停按钮时，应该通过 DB25 头针插头将 XS8 接口上的第 4、第 17 脚短接。

（8）主轴控制接口 XS9 主轴控制接口及管脚定义如图 2-15 所示。主轴 D/A 选用接口 AOUT1 和 AOUT2 时应注意：AOUT1 的输出电压为 −10 ~ +10V，AOUT2 的输出电压为 0 ~ +10V，如果主轴系统是采用给定的正负模拟电压实现主轴电动机的正反转，请使用 AOUT2 接口控制主轴单元，其他情况都采用 AOUT1 接口，否则可能损坏主轴单元。

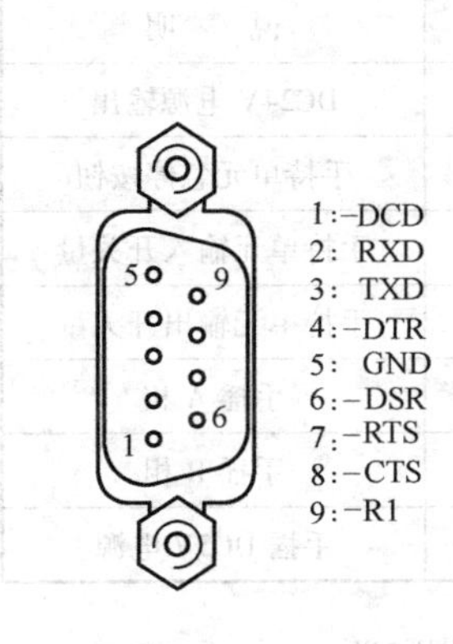

管脚号	信号名	说　明
1	-DCD	载波检测
2	RXD	接收数据
3	TXD	发送数据
4	-DTR	数据终端准备好
5	GND	信号地
6	-DSR	数据装置准备好
7	-RTS	请求发送
8	-CTS	允许发送
9	-R1	振铃指示

图2-10　RS232接口及管脚定义

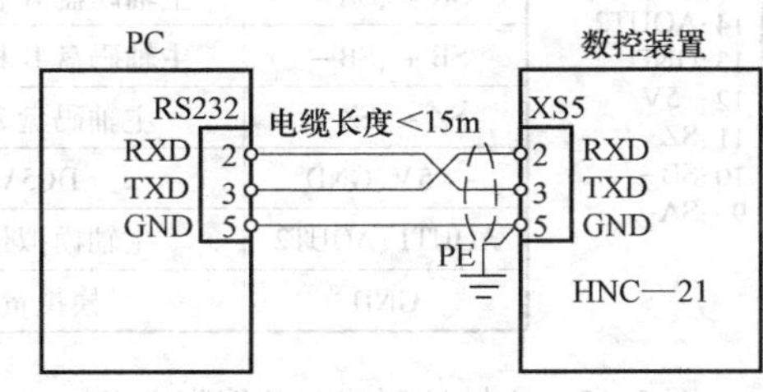

图2-11　数控装置通过RS232接口与PC连接（无软驱单元的情况）

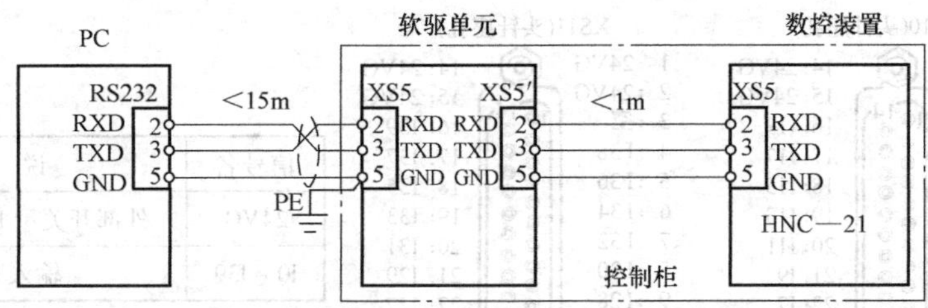

图2-12　数控装置通过RS232接口与PC连接（有软驱单元的情况）

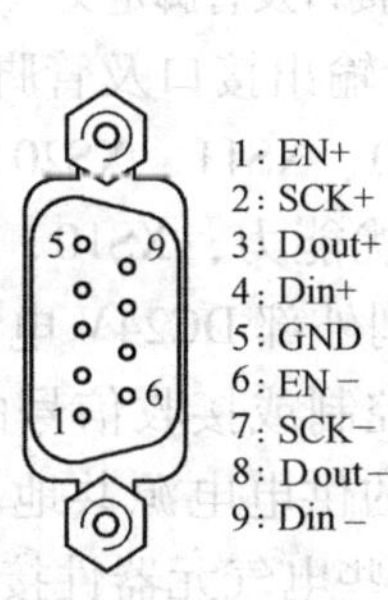

管脚号	信号名	说明
1	EN +	使能
2	SCK +	时钟
3	Dout +	数据输出
4	Din +	数据输入
5	GND	地
6	EN −	使能
7	SCK −	时钟
8	Dout −	数据输出
9	Din −	数据输入

图2-13　远程I/O接口及管脚定义

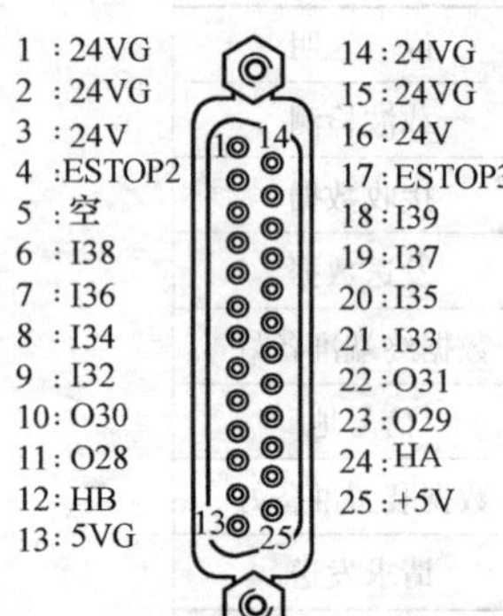

信号名	说　明
24V、24VG	DC24V 电源输出
ESTOP2、ESTOP3	手持单元急停按钮
I32 ~ I39	手持单元输入开关量
O28 ~ O31	手持单元输出开关量
HA	手摇 A 相
HB	手摇 B 相
+5V、5VG	手摇 DC5V 电源

图 2-14　手持单元接口及管脚定义

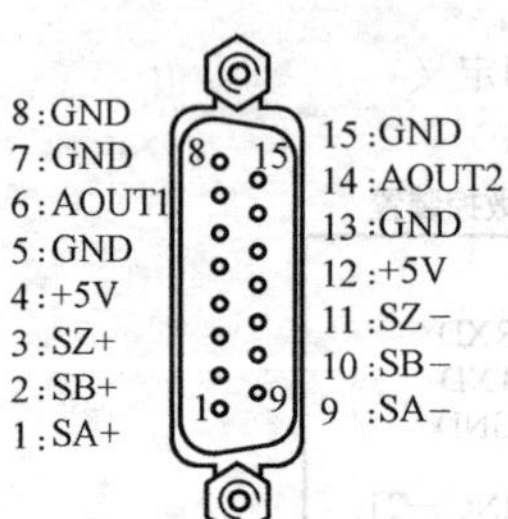

信号名	说　明
SA +、SA −	主轴码盘 A 相位反馈信号
SB +、SB −	主轴码盘 B 相位反馈信号
SZ +、SZ −	主轴码盘 Z 脉冲反馈
+5V、GND	DC5V 电源
AOUT1、AOUT2	主轴模拟量指令输出
GND	模拟量输出地

图 2-15　主轴控制接口及管脚定义

（9）开关量输入接口 XS10、XS11　开关量输入接口及管脚定义如图 2-16 所示。

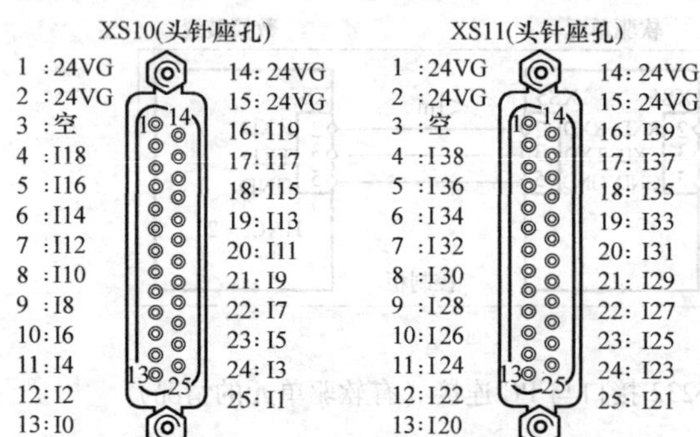

信号名	说　明
24VG	外部开关量 DC24V 电源地
I0 ~ I39	输入开关量

图 2-16　开关量输入接口及管脚定义

（10）开关量输出接口 XS20、XS21　开关量输出接口及管脚定义如图 2-17 所示。

注意：XS1 的 4 脚在数控装置内部已与 XS10、XS11、XS20、XS21 开关量接口的 1，2，14，15 脚连通。但为了提高开关量信号的抗干扰能力，XS10、XS11、XS20、XS21 开关量接口的 1，2，14，15 脚应采用单独的电线连接到外部 DC24V 电源地上，以减少流过 XS1 的 4 脚（GND）的电流。若某些输入/输出开关量控制或接收信号的电气元器件的供电电源是单独的，则其供电电源必须与输入/输出开关量的供电电源共地。否则，数控装置不能通过输出开关量可靠地控制这些电气元器件，或从这些电气元器件接收信号。

（11）进给轴控制接口 XS30 ~ XS33　图 2-18 所示为模拟接口式、脉冲式伺服控制接口和步进电动机驱动单元控制接口及管脚定义。

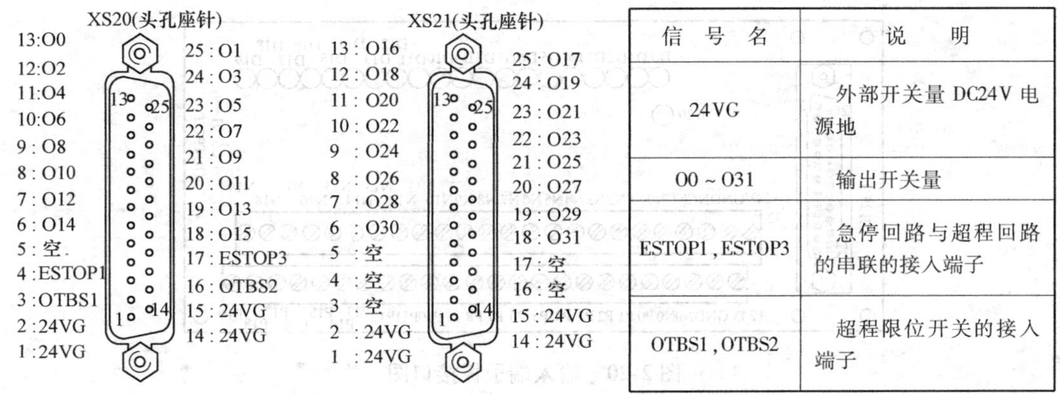

信　号　名	说　　明
24VG	外部开关量 DC24V 电源地
O0 ~ O31	输出开关量
ESTOP1，ESTOP3	急停回路与超程回路的串联的接入端子
OTBS1，OTBS2	超程限位开关的接入端子

图 2-17　开关量输出接口及管脚定义

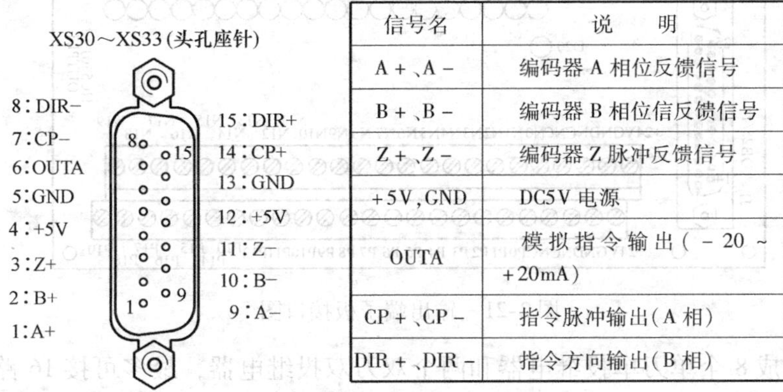

信号名	说　　明
A+、A−	编码器 A 相位反馈信号
B+、B−	编码器 B 相位信反馈信号
Z+、Z−	编码器 Z 脉冲反馈信号
+5V，GND	DC5V 电源
OUTA	模拟指令输出（−20 ~ +20mA）
CP+、CP−	指令脉冲输出（A 相）
DIR+、DIR−	指令方向输出（B 相）

图 2-18　进给轴控制接口及管脚定义

（12）串行接口式伺服驱动控制接口 XS40 ~ XS43　串行接口式伺服驱动控制接口及管脚定义如图 2-19 所示。

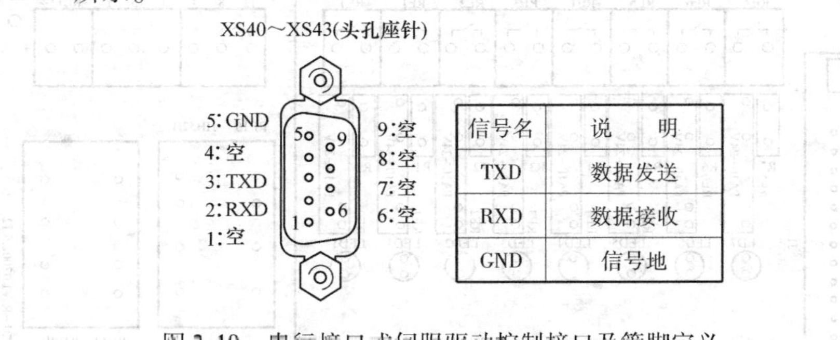

信号名	说　明
TXD	数据发送
RXD	数据接收
GND	信号地

图 2-19　串行接口式伺服驱动控制接口及管脚定义

2. 输入/输出（I/O）装置

（1）I/O 端子板　I/O 端子板分输入端子板和输出端子板两种，通常作为 HNC—21 型数控装置的 XS10、XS11、XS20、XS21 接口的转接单元使用，以方便连接及提高可靠性。输入端子板和输出端子板均提供 NPN 和 PNP 两种端子。每块输入端子板含 20 位开关量输入端子，每块输出端子板含 16 位开关量输出端子及急停（两位）与超程（两位）端子。如图 2-20、图 2-21 所示。

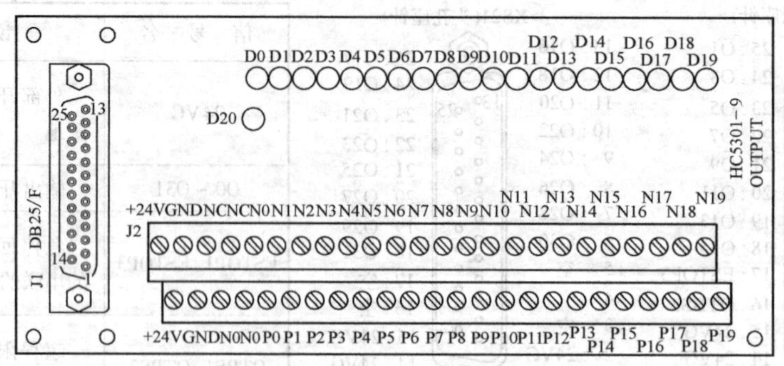

图 2-20 输入端子板接口图

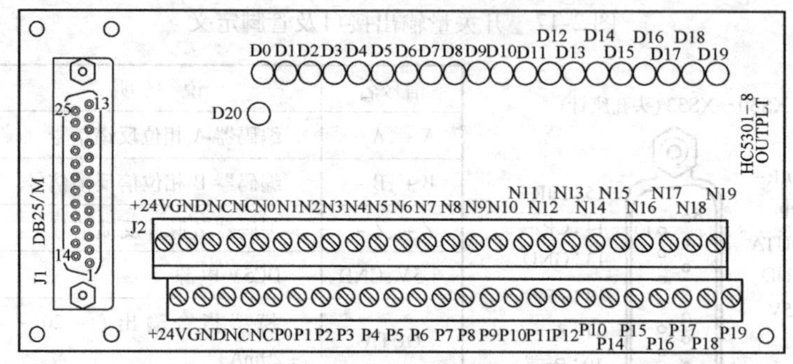

图 2-21 输出端子板接口图

继电器板集成 8 个单刀单投继电器和两个双刀双投继电器，最多可接 16 路 NPN 开关量信号输出及急停（两位）与超程（两位）信号，其中 8 路 NPN 开关量信号输出用于控制 8 个单刀单投继电器，剩下的 8 路 NPN 开关量信号输出通过接线端子引出，可用来控制其他电器，两个双刀双投继电器可由外部单独控制。继电器板结构如图 2-22 所示。

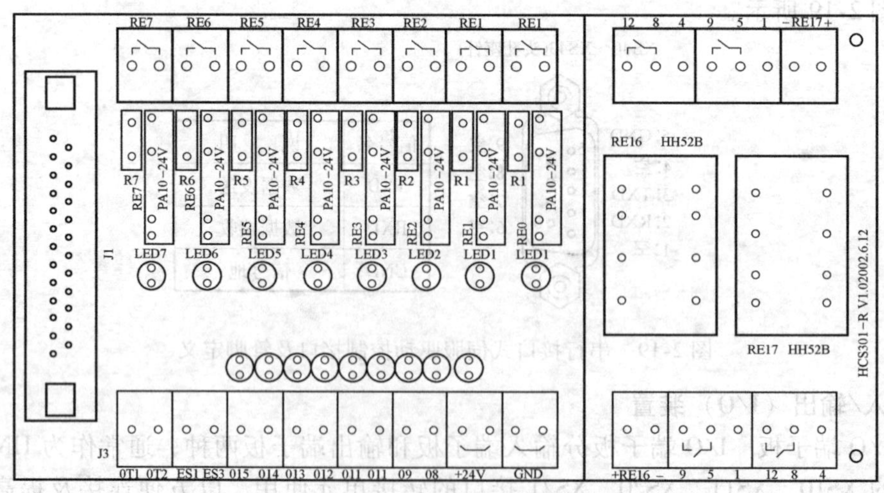

图 2-22 继电器板结构

（2）远程 I/O 端子板 远程 I/O 端子板分远程输入端子板与远程输出端子板两种，如图 2-23 所示。

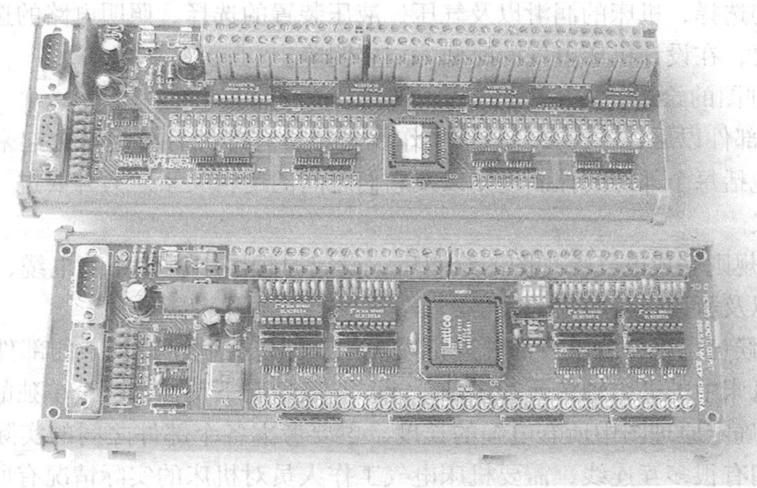

图2-23　远程I/O端子板

2.3.2　机床电气原理及其设计

机床设计包括两个部分：机械和电气。本节主要讲述机床控制电气部分的设计，根据机床的不同，其电气控制也有很大的区别，电气接口之间的逻辑关系也不同。

1. 机床电气原理设计的一般步骤

一般情况下，机床本体确定以后，就要进行电气部分的设计。电气部分的设计一般分以下几个步骤进行。

（1）主要部件的选型　首先要明确所设计机床的基本状态，主要包括：是什么类型的机床，机床具有几个轴；轴的最大进给速度是多大；机床所要求达到的精度；主轴所要求的最高转速；机床工作台惯量的大小，机床本体的机械刚度如何等。

根据以上条件进行机床主要部件的选择，主要包括：

1）根据机床的类型选择合适的数控系统　不同的机床，其控制系统不同，包括系统的硬件和软件部分是有区别的。例如：铣床的控制软件与车床的控制软件就有较大的区别，铣床系统软件所具有的一些固定循环、镜像、旋转等功能，车床就不具备。两种系统的操作界面也有很大的区别。如果是数控磨床，系统软件与前两种数控系统的差别就更大。所以一定要根据机床的种类与功能选择合适的数控系统。

2）根据机床的轴数选择进给伺服系统及电动机的数量　根据机床精度的要求选择伺服系统的类型，精度要求不高，机床本身的机械刚度不大的情况下，可以选择步进电动机作为驱动；精度要求较高的情况下，一般选择带反馈的伺服电动机，做成半闭环或闭环控制。现在一般工业用机床都选择伺服驱动，做成半闭环或闭环控制。另外，还要根据机械惯量及摩擦力选择电动机的转矩，根据电动机的型号选择相应的伺服驱动。除此之外还要考虑机床本体的机械刚度及其允许的最大运行速度，以便选择电动机的转速。

3）主轴的选择　首先确认主轴的类型，是普通机械换挡的主轴还是需要能够实现无级调速的变频主轴或伺服主轴，以及主轴所要求的最高转速、主轴的功率以及是否需要主轴定向功能等。

（2）辅助部件的选择　机床除上述几个重要部件外，还需要一些辅助的机构，主要包括冷却泵电动机的选择，机床的润滑以及气压、液压装置的选择、照明电路的选择等。这些辅助功能是否需要，在设计机床电气的时候一定要明确。

（3）电气原理图的绘制

1）确认所选部件以后，下面要完成的工作就是将所有部件有机地结合起来，完成机床所规定的动作。包括每个部件的控制规则以及它们之间的逻辑关系。另外要进一步明确 PLC 输入输出点的定义。

2）根据以上规则完成电气原理图的绘制后，设定原理图中所使用的电缆，包括电缆的线径、型号等，以及所用连接电缆的规格。

3）设计的时候可以将一些重要部件进行模块化，即将控制比较复杂的部件的电气原理单独设计。比如机床中的进给轴单元和主轴单元，一般情况下都作为一个单独的模块设计。

4）根据实际确定原理图中所有电缆的长度，主要考虑各个部件之间的实际距离。电柜与吊挂、机床之间有很多互连线，需要机床电气工作人员对机床的实际情况有所了解，确定互连线缆的长度，以及互连线缆所用联结端子的安排。

2. 绘制电气原理图的基本规则

绘制电气原理图是为了便于阅读和分析控制电路，它采用简明、清晰、易懂的原则，根据电气控制电路的工作原理来绘制。图中包括所有电气元器件的导电部分和接线端子，但并不按照电气元器件的实际布置来绘制。下面介绍绘制电气原理图的基本规则和注意事项。

（1）电气控制电路的图形及文字符号　为了能表达生产设备电气控制系统的结构、原理等设计意图，便于进行电气元器件的安装、调整、使用和维修，电气控制电路中各电气元器件的连接要用一定的图表达出来。在绘制电气电路图时，电气元器件的图形符号和文字符号必须符合国家标准的规定，不能采用任何非标准符号。我国电气设备有关行业标准和国家标准有：JB/T 2739—2008《工业机械电气图用图形符号》、JB/T 2740—2008《工业机械电气设备、电气图、图解和表的绘制》、GB/T 4728—2008《电气简图用图形符号》及 GB/T 6988—2008《电气技术用文件的编制》和 GB/T 7159—1987《电气技术中的文字符号制定通则》。

（2）图面区域的划分　电气原理图图面分区时，竖向从上到下用拉丁字母，横向从左到右用阿拉伯数字分别编号。分区代号用该区域的字母和数字表示，左边和右边拉丁字母是图区竖向编号，它们是为了便于检索电气控制电路，方便阅读分析而设置的。图区横向编号下方的"主轴电动机"、"刀架电动机"、"冷却泵电动机"等字样，表明它所对应的下方元件或电路的功能，以利于理解全电路的工作原理。

（3）符号位置的索引　在较复杂的电气原理图中，对继电器、接触器的线圈的文字符号下方要标注其触点位置的索引，而在触点文字符号下方标注其线圈位置的索引。接触器和继电器线圈与触点的从属关系应用附图表示。即在原理图中相应线圈的下方给出触点的图形符号，并在其下面注明相应的索引代号。有时也可以采用省去触点图形符号的表示法。符号位置的索引用部件代号、页次和图区编号的组合索引法，索引代号的组成如图 2-24 所示。

（4）电气原理图中技术数据的标注　电气元器件的技术数据，除在电气元器件明细表中标明外，有时也可用小号字体注在其图形符号的旁边。例如，附录 A 图 A—1 中，交流接触器 KM1 主触点图形符号旁边的小号字体"9A"表示交流接触器 KM1 的主触点的额定电流为 9A。

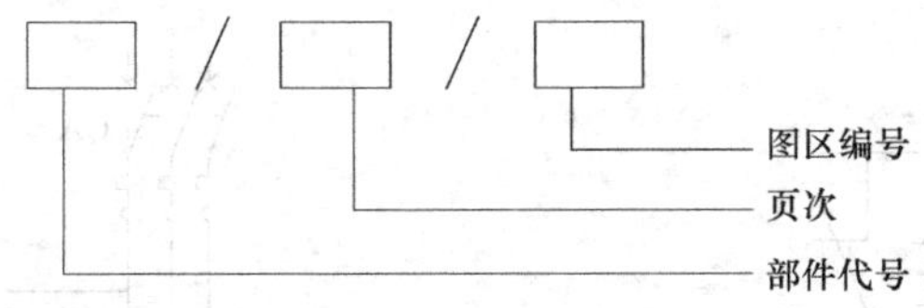

图2-24 索引代号的组成

（5）电气原理图一般分为主电路和辅助电路两部分 主电路就是从电源到电动机绕组的大电流通过的路径。辅助电路包括控制回路、照明电路、信号电路及保护电路等，由继电器的线圈和触点、接触器的线圈和触点、按钮、照明灯、信号灯、控制变压器等电气元器件组成。一般主电路用粗实线表示，画在左边（或上部）；辅助电路用细实线表示，画在右边（或下部）。

（6）电气原理图中电器的状态 电气原理图中所有电器的触点状态，都按没有通电或没有外力作用时的开闭状态画出。如：继电器、接触器的触点，按线圈未通电时的状态画；按钮、行程开关的触点按不受外力作用时的状态画；控制器按手柄处于零位时的状态画等。

（7）电气原理图中交叉导线的表示方法 电气原理图中，有直接电联系的交叉导线的连接点要用黑圆点表示；无直接电联系的交叉导线交叉处不能画黑圆点。

（8）电气原理图设计时的注意事项

1）属于同一电器的线圈和触点，都要用同一文字符号表示。当使用相同类型电器时，可在文字符号后加注阿拉伯数字序号来区分。

2）各电气元器件的导电部件如线圈和触点的位置，应根据便于阅读和分析的原则来安排，绘在它们完成作用的地方。同一电气元器件的各个部件可以不画在一起。

3）无论是主电路还是辅助电路，各电气元器件一般应按动作顺序从上到下，从左到右依次排列，可水平或垂直布置。

3. 组成电气控制电路的基本电路

（1）自锁控制 图2-25所示为三相异步电动机单向全压起动、停止控制电路，主电路由断路器QA、接触器KM的主触点和电动机构成。控制回路由停止按钮SB1、起动按钮SB2、接触器线圈KM和接触器线圈辅助常开触点KM组成。起动时，合上QA，按下SB2，则KM线圈通电，KM主触点和辅助常开触点闭合；当松开SB2后，由于KM线圈自身的辅助常开触点保持通电，所以此时处于自锁状态。当按下停止按钮SB1时，KM线圈断电释放，KM主触点和辅助常开触点断开，控制回路解除自锁，电动机停止转动，松开SB1后控制回路也不能自行起动。

（2）互锁控制 在实际生产中常需要电动机能实现正反两个方向的转动，如数控机床主轴的正反转。由三相异步电动机的原理可知，只要将电动机接到三相电源中的任意两根连线对调，即可使电动机反转。如图2-26所示，起动按钮SB2、SB3为联动按钮，联动按钮的常闭触点用来断开转向相反的接触器线圈的通电回路，两个接触器的常闭触点KM1、KM2起互锁作用，即当一个接触器通电时，其常闭触点断开，使另一个接触器不能通电。

（3）顺序联动控制电路 生产实践中经常要求各种运动部件之间能够实现按顺序工作。例如车床主轴转动时要求润滑油泵先给齿轮箱供油润滑，即要求保证润滑油泵电动机起动后主轴电动机才允许起动。图2-27所示将润滑油泵电动机接触器KM1常开触点串入主轴电动

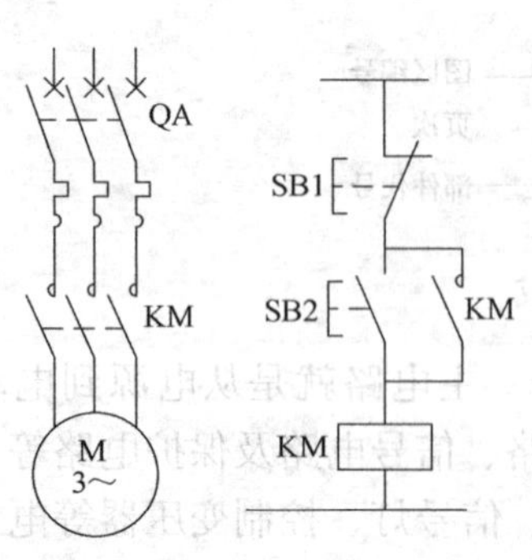

图 2-25　接触器自锁控制电路

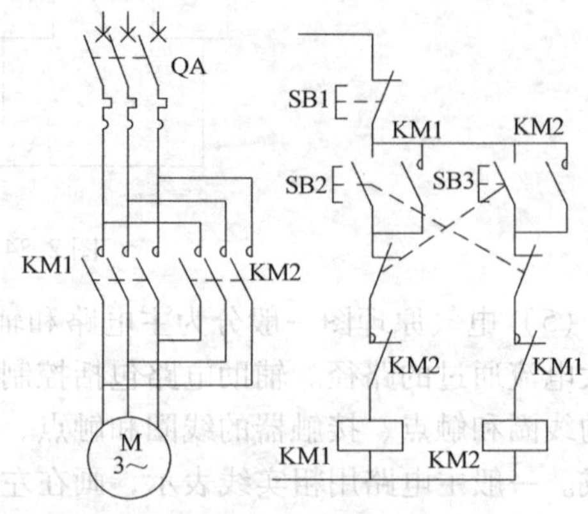

图 2-26　接触器互锁控制电路

机接触器 KM2 的线圈电路中实现这一联锁。图中 SB2、SB4 分别为润滑油泵电动机的起动、停止按钮，SB3、SB5 分别为主轴电动机的起动、停止按钮。

4. 数控机床控制系统电路实例

下面以示意图、表格及框图的形式，说明数控机床电气控制系统的电路组成，图样资料的种类和内容。

（1）系统简介

机床：两坐标卧式车床，带四刀位自动刀架。

控制柜结构：强电控制柜＋操作站。

主轴：普通异步电动机，机械手动换挡变速。

表 2-1 为设计典型车床数控系统所需的主要器件。

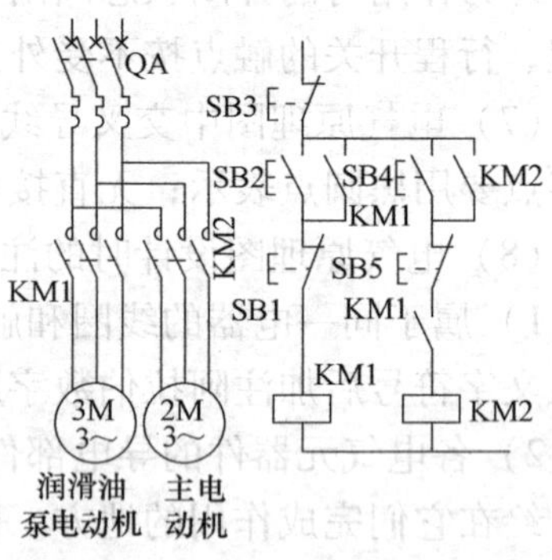

图 2-27　顺序联动控制电路

表 2-1　设计典型车床数控系统所需的主要器件

序号	名　称	规　格	主 要 用 途	备注
1	数控装置	HNC—21TC 型	控制系统	华中数控
2	软驱单元	HFD—2001 型	数据交换	华中数控
3	控制变压器	AC380/220V 300W /110V 250W /24V　100W /24V　100W	为伺服控制电源、开关电源供电 交流接触器电源 照明灯电源 HNC—21TC 型电源	华中数控
4	伺服变压器	3P AC380/200V 2.5kW	为伺服电源模块供电	华中数控
5	开关电源	AC220V/DC24V 100W	开关量及中间继电器	
6	伺服电源模块	HSV—11P075 型	为伺服驱动器供强电	华中数控
7	伺服驱动器	HSV—11D030	*X* 轴、*Z* 轴电动机伺服驱动器	华中数控
8	伺服电动机	110STZ4—1—LM(4N·m)	*X* 轴进给电动机	华中数控
9	伺服电动机	130STZ7.5—1—LM(7.5N·m)	*Z* 轴进给电动机	华中数控

（2）系统配置框图　系统配置框图如图2-28所示。

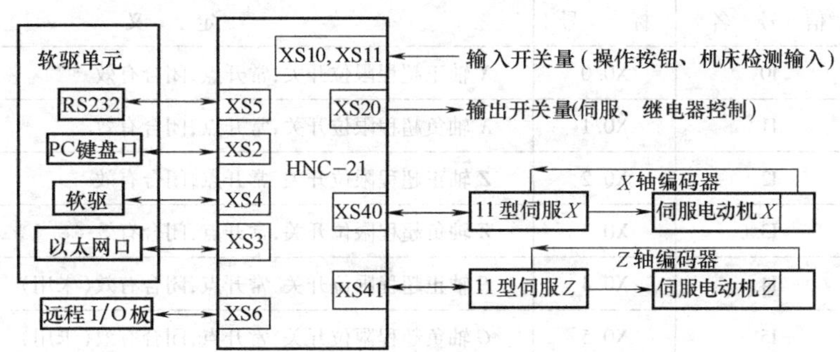

图2-28　系统配置框图

（3）输入/输出开关量分配　表2-2～表2-5为典型车床数控系统对输入/输出开关量的定义，其中有些输入/输出开关量给出了定义，但并未使用。例如：XS8手持单元给出了定义，但在本例中没有使用；XS21（DB25/F）未用。

表2-2　XS8（DB25）手持单元接口

管　脚　号	信　号　名	标　　号	定　　义
13	5V地		手摇脉冲发生器+5V电源地
25	+5V		手摇脉冲发生器+5V电源
12	HB		手摇脉冲发生器B相
24	HA		手摇脉冲发生器A相
11	O28	Y3.4	未定义
23	O29	Y3.5	未定义
10	O30	Y3.6	手持单元工作指示灯，低电平有效
22	O31	Y3.7	未定义
9	I32	X4.0	手持单元坐标选择输入X轴，常开点，闭合有效
21	I33	X4.1	手持单元坐标选择输入Y轴，常开点，闭合有效
8	I34	X4.2	手持单元坐标选择输入Z轴，常开点，闭合有效
20	I35	X4.3	手持单元坐标选择输入A轴，常开点，闭合有效
7	I36	X4.4	手持单元增量倍率输入X1，常开点，闭合有效
19	I37	X4.5	手持单元增量倍率输入X10，常开点，闭合有效
6	I38	X4.6	手持单元增量倍率输入X100，常开点，闭合有效
18	I39	X4.7	手持单元使能输入，常开点，闭合有效
5	空		
17	ESTOP3		手持单元急停按钮串接到急停回路的端子
4	ESTOP2		手持单元急停按钮串接到急停回路的端子
3，16	+24V		为手持单元的输入/输出开关量供电的DC24V电源
1，2，14，15	24V地		为手持单元的输入/输出开关量供电的DC24V电源地

表 2-3 **XS10**（DB25/F 头针座孔）输入接口（I0 ~ I19）

管脚号	信号名	标号	定义
13	I0	X0.0	X 轴正超程限位开关，常开点，闭合有效
25	I1	X0.1	X 轴负超程限位开关，常开点，闭合有效
12	I2	X0.2	Z 轴正超程限位开关，常开点，闭合有效
24	I3	X0.3	Z 轴负超程限位开关，常开点，闭合有效
11	I4	X0.4	C 轴正超程限位开关，常开点，闭合有效（未用）
23	I5	X0.5	C 轴负超程限位开关，常开点，闭合有效（未用）
10	I6	X0.6	卡盘夹紧到位，常开点，闭合有效（未用）
22	I7	X0.7	卡盘松开到位，常开点，闭合有效（未用）
9	I8	X1.0	X 轴回参考点开关，常开点，闭合有效
21	I9	X1.1	Z 轴回参考点开关，常开点，闭合有效
8	I10	X1.2	C 轴回参考点开关，常开点，闭合有效（未用）
20	I11	X1.3	未定义
7	I12	X1.4	冷却系统报警，常闭点，断开有效
19	I13	X1.5	润滑系统报警，常闭点，断开有效（未用）
6	I14	X1.6	压力系统报警，常闭点，断开有效（未用）
18	I15	X1.7	未定义
5	I16	X2.0	主轴一挡到位，常开点，闭合有效（未用）
17	I17	X2.1	主轴二挡到位，常开点，闭合有效（未用）
4	I18	X2.2	未定义
16	I19	X2.3	未定义
3	空		
1,2,14,15	24V 地		外部直流 24V 电源地

表 2-4 **XS11**（DB25/F 头针座孔）输入接口（I20 ~ I39）

管脚号	信号名	标号	定义
13	I20	X2.4	外部运行允许，常开点，闭合有效
25	I21	X2.5	伺服电源模块 OK，常开点，闭合有效
12	I22	X2.6	伺服驱动器 OK，常开点，闭合有效
24	I23	X2.7	电气柜低压断路器 OK，常开点，闭合有效
11	I24	X3.0	主轴报警，常闭点，断开有效
23	I25	X3.1	主轴速度到达，常开点，闭合有效（未用）
10	I26	X3.2	1 号刀到位，常开点，闭合有效
22	I27	X3.3	2 号刀到位，常开点，闭合有效

（续）

管　脚　号	信　号　名	标　　号	定　　义
9	I28	X3. 4	3 号刀到位,常开点,闭合有效
21	I29	X3. 5	4 号刀到位,常开点,闭合有效
8	I30	X3. 6	5 号刀到位,常开点,闭合有效(未用)
20	I31	X3. 7	6 号刀到位,常开点,闭合有效(未用)
4 ~7、16 ~19	I32-I39	X4. 0 ~ X4. 7	与 XS8 并联,用于手持单元的坐标选择输入、增量倍率输入、使能按钮输入
3	空		见 XS8
1,2,14,15	24V 地		外部直流 24V 电源地

表 2-5　XS20（DB25/F 头孔座针）O00 ~ O15

管　脚　号	信　号　名	标　　号	定　　义
13	O00	Y0. 0	运行允许，低电平有效
25	O01	Y0. 1	系统复位，低电平有效
12	O02	Y0. 2	伺服允许，低电平有效
24	O03	Y0. 3	SV_CWL 伺服减电流,低电平有效(未用)
11	O04	Y0. 4	升降轴抱闸，低电平有效(未用)
23	O05	Y0. 5	冷却泵开，低电平有效
10	O06	Y0. 6	刀库正转，低电平有效
22	O07	Y0. 7	刀库反转，低电平有效
9	O08	Y1. 0	主轴正转(主轴使能)，低电平有效
21	O09	Y1. 1	主轴反转(主轴使能)，低电平有效
8	O10	Y1. 2	主轴制动，低电平有效
20	O11	Y1. 3	卡盘松，低电平有效(未用)
7	O12	Y1. 4	主轴一挡，低电平有效(未用)
19	O13	Y1. 5	主轴二挡，低电平有效(未用)
6	O14	Y1. 6	未定义
18	O15	Y1. 7	未定义
5	空		
17	ESTOP3		急停回路驱动 KA 继电器,控制动力电源的输出端子
4	ESTOP1		急停回路与超程回路的串联的接入端子
16	OTBS2		超程限位开关的接入端子
3	OTPS1		超程限位开关的接入端子
1,2,14,15	24V 地		外部直流 24V 电源地

（4）电源部分　在本电路方案中，照明灯的 AC24V 电源和 HNC—21 型数控装置的 AC24V 电源是各自独立的；系统中没有电磁阀，因此只用了一个 DC24V 100W 的开关电源，在开关电源进线侧用一个低通滤波器与伺服控制电源（AC220V）隔离开来，如图 2-29 所示。

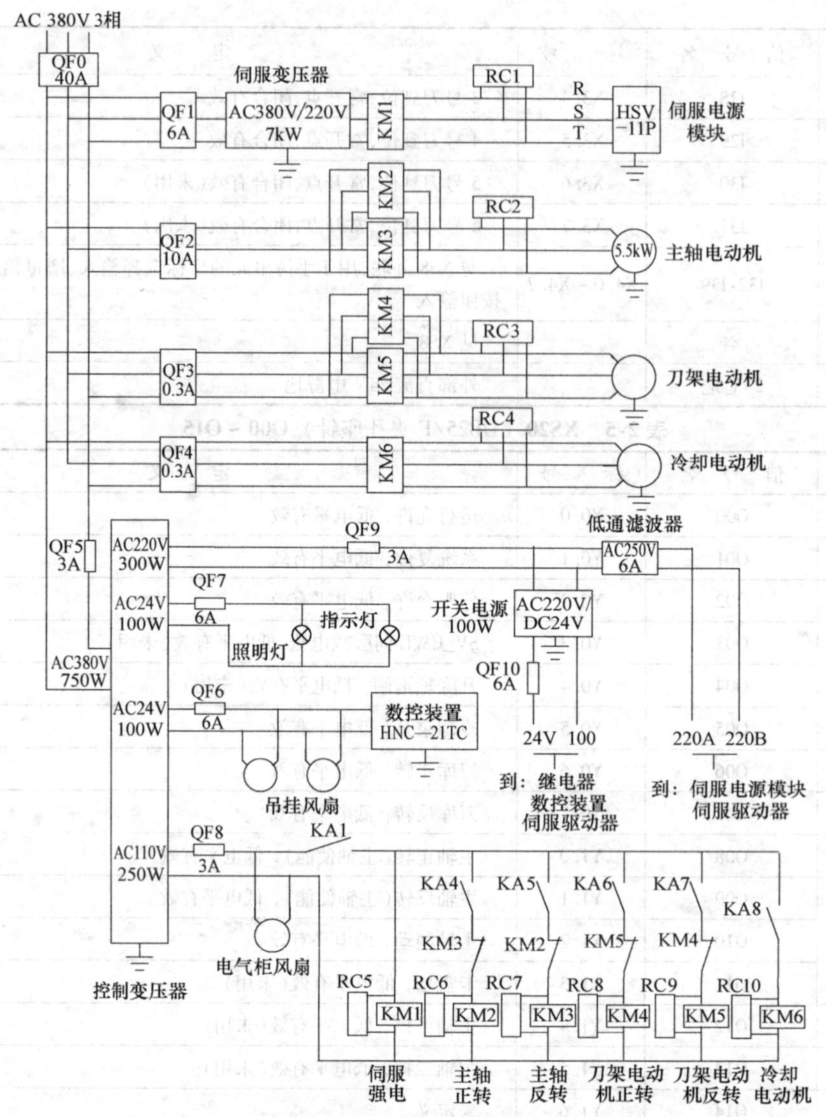

图 2-29 车床数控系统电气原理图——电源部分

图 2-29 中 QF0 ~ QF4 为三相低压断路器，QF5 ~ QF10 为单相低压断路器，KM1 ~ KM6 为三相交流接触器，RC1 ~ RC4 为三相阻容吸收器（灭弧器），RC5 ~ RC10 为单相阻容吸收器（灭弧器），KA1 ~ KA8 为直流 24V 继电器（KA2、KA3 在图 2-30 中）。

（5）继电器与输入/输出开关量 继电器主要由输出开关量控制，输入开关量主要是指进给装置、主轴装置和机床电气等部分的状态信息与报警信息，如图 2-30 所示。

图 2-30 中，KA1 ~ KA8 为中间继电器，SQX-1、SQX-3 分别为 X 轴的正、负限位开关的常闭触点，SQZ-1、SQZ-3 分别为 Z 轴的正、负限位开关的常闭触点，420 为来自伺服电源模块与伺服驱动模块的故障连锁端子，100 为图 2-30 中 DC24V 50W 开关电源的地端子。

5. 电气施工配线技术

配线是电气系统安装中一项工作量较大的工作，系统的可靠运行离不开工艺精良、施工规范的配线。对此国家有相应的规范标准，元件布局、电气柜制作、导线颜色选择、线头压制、连接接线等必须按照相应的规范进行。

（1）连线和布线

1）一般要求

① 所有连接，尤其是保护接地电路的连接应牢固，没有意外松脱的危险。

② 连接方法应与被连接导线的截面积及导线的性质相适应。对铝或铝合金导线，要特别考虑电蚀问题。

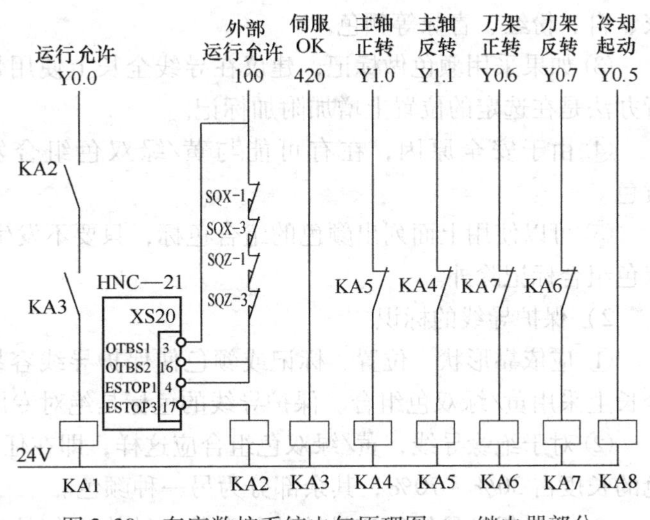

图2-30　车床数控系统电气原理图——继电器部分

③ 只有专门设计的端子，才允许一个端子连接两根或多根导线。但一个端子只应连接一根保护导线。

④ 只有提供的端子适用于焊接工艺要求才允许焊接连接。

⑤ 在接线座的端子上应清楚地做出与电路图上相一致的标记。

⑥ 软导线管和电缆的敷设安放位置应保持干燥，若有液体渗入应能自动排出。

⑦ 当器件或端子不具备端接多股芯线的条件时，应提供拢合绞心束的办法，不允许用焊锡来达到此目的。

⑧ 屏蔽导线的端接应防止绞合线磨损并应易于拆卸。

⑨ 标牌应清晰、耐久，适合实际环境。

⑩ 接线座的安装和接线应保证内部和外部配线不跨越端子。

2）导线和电缆敷设

① 导线和电缆的敷设应使两端子之间无接头或拼结点。如果不能在接线盒中提供端子（如可移式机械、机械带长软电缆等），则允许有接头或拼结。

② 为满足连接和拆卸电缆和电缆束的需要，电缆应提供足够的附加长度。

③ 电缆端部应夹牢以防止导线端部机械应力的影响。

④ 只要可能就应将保护导线靠近相关的负载导线安装，以便减小回路阻抗。

3）不同电路的导线　不同电路的导线可以并排放置，可以穿在同一通道中（如导线管或电缆管道装置），也可以处于同一多芯电缆中，只要这种安排不削弱各自电路的原有功能。如果这些电路的工作电压不同，应把它们用适当的隔板彼此隔开，或者把同一管道的导线都用最高电压导线绝缘。

（2）导线的标识

1）一般要求

① 导线应按照技术文件的要求在每个端部做出标记。

② 当用颜色代码做导线标记时，可采用黑、棕、红、橙、黄、绿、蓝（包括浅蓝）紫、

灰、白、粉红、青绿等颜色。

③ 如果采用颜色做标记，建议在导线全长上使用带颜色的绝缘或颜色标记。另一种可行办法是在选定的位置上增加附加标记。

④ 由于安全原因，在有可能与黄/绿双色组合发生混淆的场合，不应使用绿色或黄色。

⑤ 可以使用上面列出颜色的组合色标，只要不发生混淆和不使用绿或黄色，不过黄/绿双色组合标记除外。

2）保护导线的标识

① 应依靠形状、位置、标记或颜色使保护导线容易识别。当只采用色标时，应在导线全长上采用黄/绿双色组合。保护导线的色标是绝对专用的。

② 对于绝缘导线，黄/绿双色组合应这样，即在任意 15mm 长度的导线表面上，一种颜色的长度占 30% ~70%，其余部分为另一种颜色。

③ 如果保护导线能容易地从其形状、结构（如编织导线）或位置识别，或者绝缘导线一时难以购得，则不必在整个长度上使用颜色代码，而应在端头或易接近位置上清楚地标示 GB/T 54652—1996 中 5019 所规定的图形符号或用黄/绿双色组合标记。

3）中线的标识

① 如果电路中包含有用颜色识别的中线，其颜色应为浅蓝色。可能混淆的场合，不应使用浅蓝色来标记其他导线。

② 如果采用色标，用做中线的裸导线应在每个 15 ~100mm 宽度的间隔或单元内，或在易接近的位置上用浅蓝色条纹做标记，或在导线整个长度上做浅蓝色标志。

4）其他导线的标识

① 其他导线应使用颜色（单一颜色或单色、多条纹）、数字、字母、颜色和数字或字母的组合来标识。数字应为阿拉伯数字，字母应为拉丁字母。

② 建议绝缘导线应使用下列颜色代码，即

黑色：交流和直流动力电路。

红色：交流控制电路。

蓝色：直流控制电路。

橙色：由外部电源供电的连锁控制电路。

5）允许以下例外情况　外购独立器件的内部配线；买不到所需颜色的绝缘导线时；采用没有黄/绿双色组合的多芯电缆时。

2.4 实训步骤与内容

项目一　数控系统的连接

1. 实训步骤

（1）了解各连接部件的组成、信号传输原理、电路特点和电缆种类。

（2）熟悉电气原理图。

（3）分项目进行电路连接并检查。

（4）验收后通电试验。

2. 实训内容

（1）主电源电源回路的连接　主电源电源回路见附录A图A-1。

（2）数控系统与操作面板及刀架的连接　了解数控系统和操作面板的按钮、指示灯、显示器的连接关系；掌握数控系统对于换刀机构的控制过程和信号传输路线；明确对应部件的电缆连接方法。

1）数控系统与操作面板的连接　操作面板是操作人员与机床数控系统进行信息交流的界面，操作面板上有按钮、状态指示灯、按键阵列和显示器。华中数控系统采用集成式操作面板，操作面板包括显示区、NC键盘区、机床控制面板区三部分区域。对于数控系统来讲，操作人员操作按钮或旋钮通过计算机输入接口向计算机发出控制或操作指令，计算机通过程序运行和运算控制机床工作并将控制状态或结果通过输出接口传输到状态指示灯或显示器显示，所以操作面板和数控系统的信号传输是双向的。另外由于操作面板上元件很多而且显示器需要通过多芯电缆传输信号，所以操作面板通常采用印制电路板安装方式并通过印制电缆或扁平电缆与数控系统连接。又由于数控系统和操作面板通常采用一体化结构，操作面板与数控系统的连接往往由系统制造商在工厂已整体连接并封装完成。图2-31所示为键盘按键板。

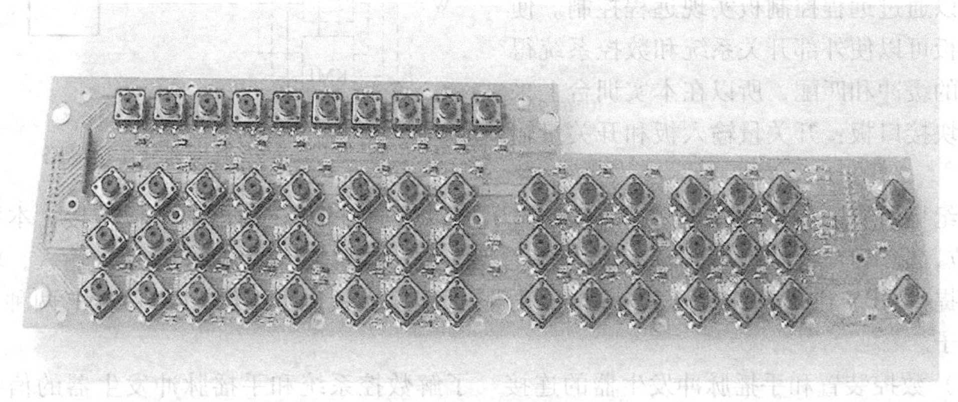

图2-31　键盘按键板

显示器一般位于操作面板的左上部，用于菜单、系统状态、故障报警的显示和加工轨迹的图形仿真。较简单的显示器只有若干个数码管，显示的信息也很有限，较高级的数控系统一般配有CRT显示器或点阵式液晶显示器，显示的信息较丰富。低档的显示器只能显示字符，高档的显示器可以显示图形。

2）数控系统和换刀机构的连接　数控系统和换刀机构的连接包括两部分：刀架电动机控制信号和刀位开关的信号线。数控系统发出的换刀信号，是经由PLC运行换刀控制程序，控制刀架电动机的接触器来控制电动机正、反向转动，刀位开关产生的换刀到位信号传输到PLC，PLC判断换刀是否到位。当刀具到位时，PLC通过程序控制刀架电动机反转锁紧，同时将换刀完成信号传输到数控系统，数控系统才能继续执行下一步程序。信号传输流程如图2-32所示，图2-33所示为换刀机构的部分连接电路图。

在连接换刀机构部分电缆时，要注意以下几点：

① 换刀电动机的三相线相序要正确，否则会造成换刀过程报警。

② 刀位信号电缆与数控系统端子连接要正确，否则会造成换刀错误。

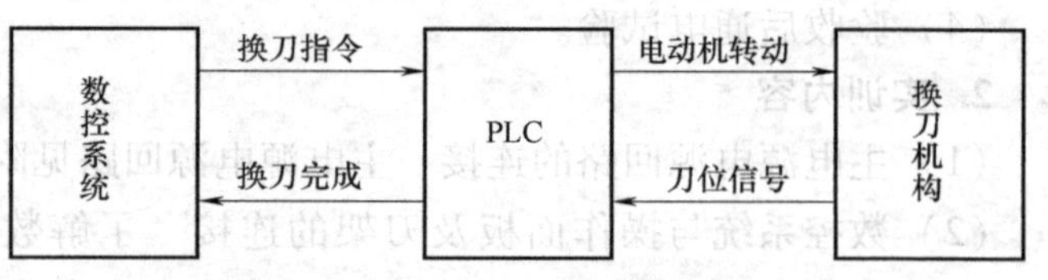

图 2-32　换刀机构控制信号传输流程

③ 电动机电缆与信号电缆要分开，以确保系统安全。

④ 刀位信号电缆与刀架霍尔元件连接端子对应，以确保刀位信号的正确。

(3) 数控系统继电器和输入/输出开关量控制接线的连接　了解数控系统接口板的作用和原理；掌握数控系统和接口板的连接方法。

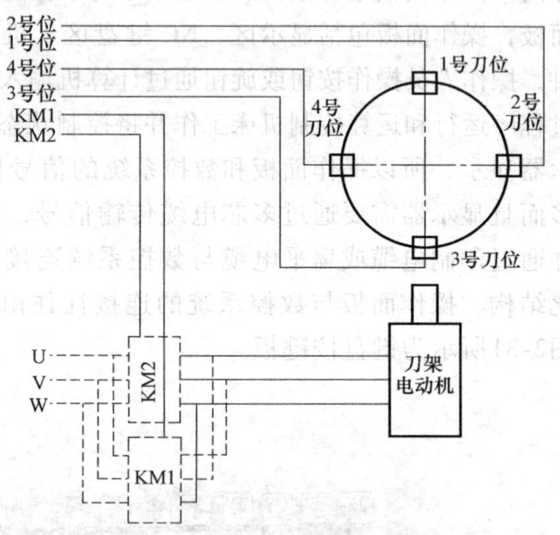

图 2-33　换刀机构部分连接电路

华中数控系统采用的是内置式 PLC，数控系统以及 PLC 对外开关量的控制既可以直接控制，也可以通过接口板间接控制，另外还可以通过远程控制板实现远程控制。使用接口板可以使外部开关系统和数控系统得到更好的缓冲和匹配，所以在本实训台上采用了两块接口板：开关量输入板和开关量输出板。

世纪星 HNC—21 型数控开关量输入/输出接口可通过输入/输出端子板转接。本机输入有 40 位，输出有 32 位；远程输入/输出各有 128 位。本机输入为 NPN 开关量输入，输入端子板可提供 NPN 和 PNP 两种开关量输入端子；远程输入板也可提供 NPN 和 PNP 两种开关量输入端子。

(4) 数控装置和手摇脉冲发生器的连接　了解数控系统和手摇脉冲发生器的信号传输关系；掌握数控装置和手摇脉冲发生器的连接方法。

手摇脉冲发生器又称为手持单元或手脉，是数控机床手动操作和控制常用的控制器之一。手摇脉冲发生器上有脉冲手轮、倍率选择旋钮和坐标轴选择旋钮以及急停按钮等操作件，可以手动控制机床按指定的坐标轴方向以选定的倍率手动进给。手摇脉冲发生器一般作为标准配件都配有电缆及插头，数控系统上也专门留有与手持单元的电缆插头配套的插孔。华中世纪星数控系统的手持单元插孔为 XS8，其端口定义如图 2-16 所示，电路原理如图 2-34所示。

(5) 数控装置和步进驱动器控制线的连接　了解数控系统和步进驱动器、步进电动机的控制关系；掌握数控装置和步进驱动器、步进电动机的连接方式。

步进驱动器作为进给步进电动机的驱动装置，受控于数控系统发出的一定数量、频率的位移、转速控制脉冲和转向控制脉冲，将电源提供的高电压转换成具有足够能力的多相驱动脉冲，驱动步进电动机按照一定的转速、转向旋转。为了提高电动机的控制精度，在机床驱

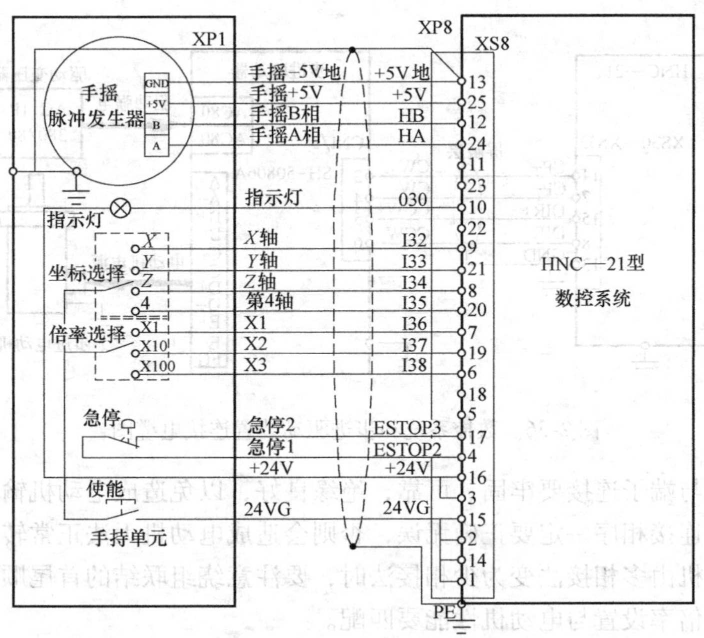

图2-34　手摇脉冲发生器与系统的连接电路原理

动中除了要提高电动机的相数和磁极对数之外，驱动器上还采用了脉冲细分电路，通过驱动器上的拨码开关可选择细分倍率。

步进驱动装置的连接电路包括：与数控系统的控制信号连接电缆；与电源连接的动力电缆；与步进电动机连接的驱动电缆。其中控制信号电缆由于传输的是弱脉冲信号，所以采用屏蔽电缆以防止干扰。动力电缆和驱动电缆输送较大电流，所以其截面面积要足够大。图2-35所示为数控系统和步进驱动器连接总体框图，图2-36所示为数控系统和步进驱动装置、连接电缆图。

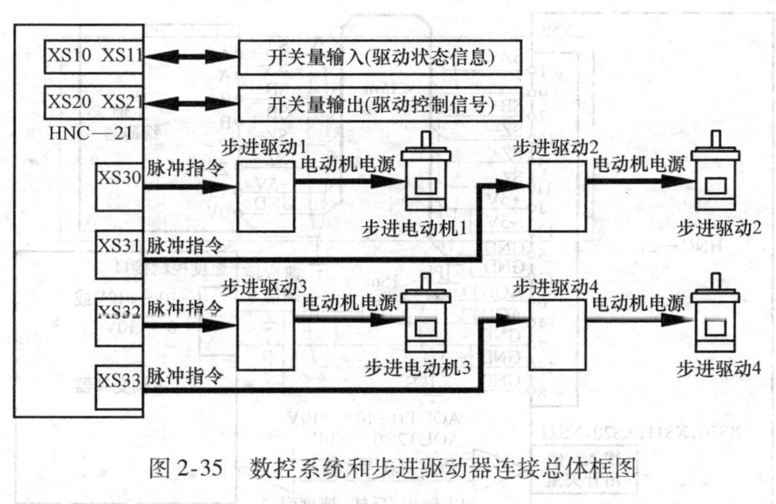

图2-35　数控系统和步进驱动器连接总体框图

在连接步进驱动装置电缆时，要注意以下几点：

1）与数控系统连接的控制电缆端子对应要正确，屏蔽接地要可靠，否则会造成电动机转向错误或无法转动的故障。

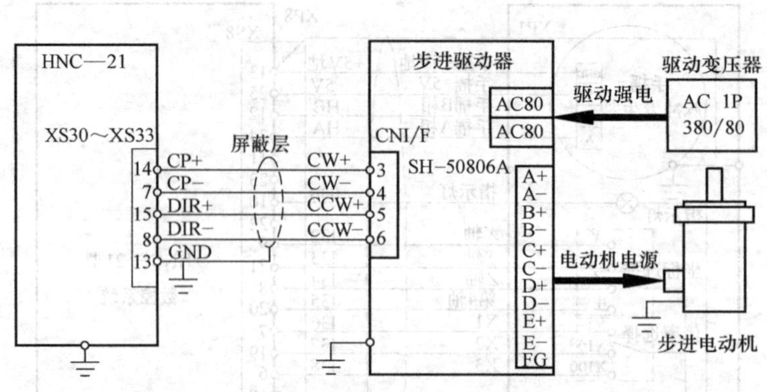

图 2-36　数控系统和步进驱动装置连接电缆图

2）动力电缆与端子连接要牢固、可靠，绝缘良好，以免造成电动机输出转矩不足。

3）驱动电缆连接相序一定要正确无误，否则会造成电动机无法正常转动。

4）步进电动机由多相接法变为少相接法时，要注意绕组联结的首尾顺序。

5）脉冲细分倍率设置与电动机性能要匹配。

（6）数控系统和主轴驱动器控制线的连接　了解数控系统和主轴驱动器的信号传输关系；掌握数控系统和主轴驱动器及主轴电动机的连接方法。

数控机床的主轴驱动一般采用变频器驱动或伺服驱动。交流变频器控制交流变频电动机可在一定范围内实现主轴的无级变速，这时需利用数控系统的主轴控制接口 XS9 中的模拟量电压输出信号作为变频器的速度给定，采用开关量输出信号 XS20、XS21 控制主轴起停或正反转。采用交流变频主轴时，由于低速特性不很理想，一般需配合机械换挡以兼顾低速特性和调速范围，如图 2-37 所示。

采用伺服驱动主轴可获得较宽的调速范围和良好的低速特性，还可实现主轴定向控制。

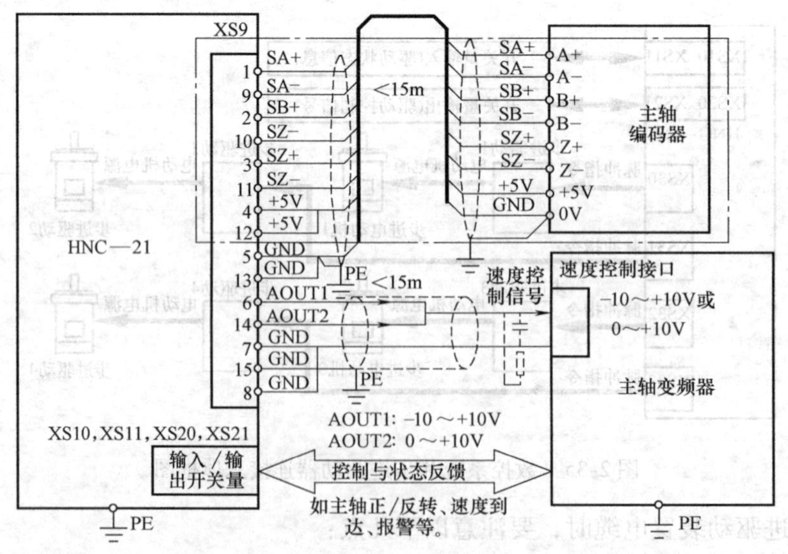

图 2-37　变频驱动的主轴控制驱动连接

可利用数控装置上的主轴控制接口 XS9 中的模拟量输出信号作为伺服主轴驱动单元的速度给定，利用 PLC 输出控制起停（或正反转）及定向，如图 2-38 所示。

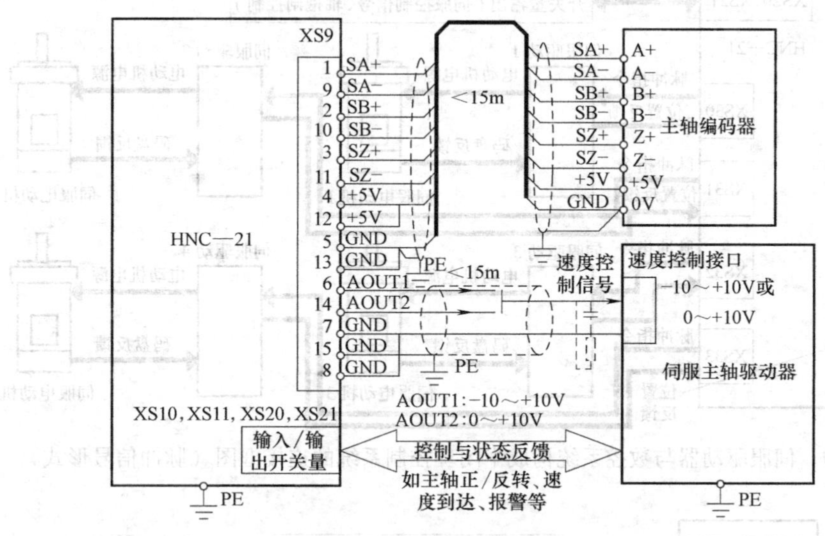

图 2-38　伺服驱动的主轴控制驱动连接

HNC—21 型数控系统通过 XS9 主轴控制接口和 PLC 输入/输出接口，可连接各种主轴驱动器，实现正反转、定向、调速等控制，还可以外接主轴编码器实现螺纹车削和铣床上的刚性攻螺纹功能。

数控系统与主轴驱动部分的电路连接主要有：驱动器与电源的连接；驱动器与电动机的连接；驱动器与数控系统的连接；主轴编码器与数控系统的连接；电动机转向控制信号与数控系统的连接（伺服驱动方式）。

在连接主轴驱动装置电缆时，要注意以下几点：

1）与数控系统连接的控制电缆端子要正确，屏蔽接地要可靠。

2）部分控制信号和报警信号是通过外接开关板连接到数控系统的。

3）动力电缆以及电动机电缆与端子连接要牢固、相序正确。

4）连接后要对驱动器进行参数设置。

（7）数控系统和伺服驱动器的连接　了解数控系统和伺服驱动器、伺服电动机的控制关系；掌握数控系统和伺服驱动器、伺服电动机的连接方式。

伺服驱动器是进给电动机的另一种驱动控制形式。伺服驱动器受控于数控系统发出的数据式或脉冲式或模拟式位移、速度控制信号，将伺服电源提供的伺服强电转换成电动机电源，控制伺服电动机按照一定的转速、转向旋转一定的角度并能停在准确位置（停位）。由于伺服控制中引入了反馈控制，所以可以获得精度高、响应快和范围宽的大功率驱动输出。为了构成反馈控制，伺服电动机都带有编码器以检测电动机转角和转速并将结果反馈到驱动器，这种控制方式称为半闭环控制系统，如图 2-39 所示。在实际的数控机床中为了获得精确度更高的位置控制，有时也采用坐标轴位移检测装置（光栅、磁栅、同步感应器等）直接将位移检测结果反馈到数控系统，从而构成全闭环控制系统，如图 2-40 所示。

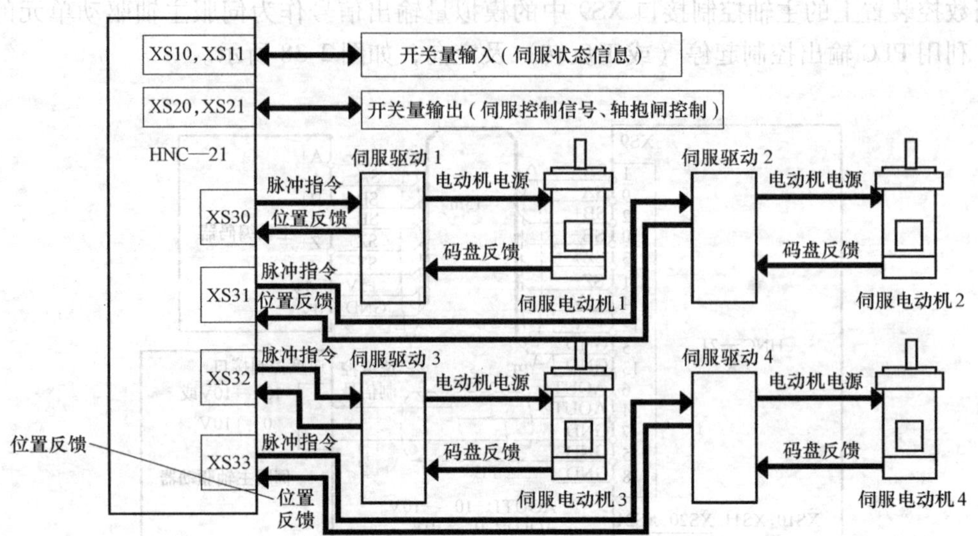

图 2-39 伺服驱动器与数控系统构成半闭环控制系统的连接框图（脉冲信号形式）

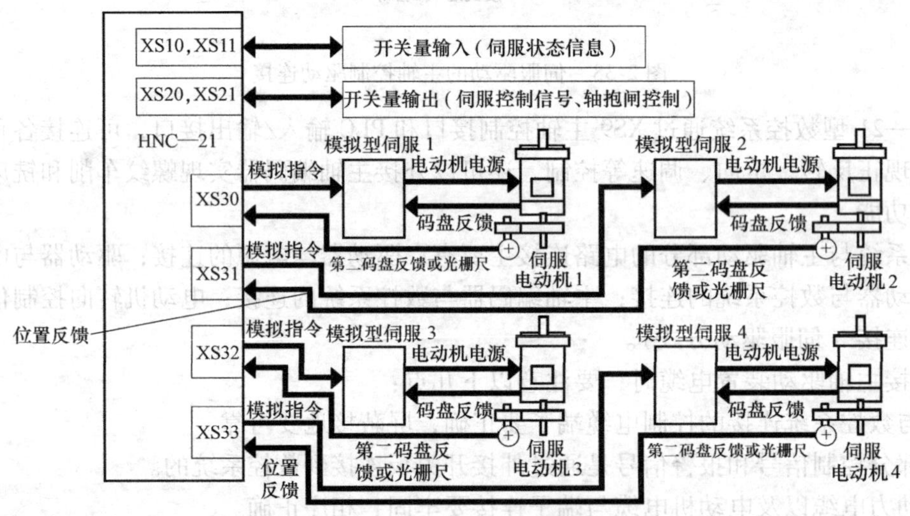

图 2-40 伺服驱动器与系统构成全闭环控制系统的连接框图（模拟信号形式）

伺服驱动装置的连接电路包括：与数控系统的控制信号连接电缆（位移控制、状态控制）；与伺服电源连接的动力电缆；与伺服电动机连接的驱动电缆、电动机状态信号电缆和检测反馈电缆。

在连接伺服驱动器时要分清其驱动控制信号是脉冲式还是模拟式，图 2-41 和图 2-42 所示分别说明了两种信号形式的伺服驱动器连接电路原理。

在连接伺服驱动装置电缆时，要注意以下几点：

1） 与数控系统连接的控制电缆端子要正确，屏蔽接地要可靠。

2） 部分控制信号和报警信号是通过外接开关板连接到数控系统的。

3） 动力电缆与端子连接要牢固、绝缘良好，以免造成电动机输出转矩不足。

4） 连接后要对驱动器进行参数设置。

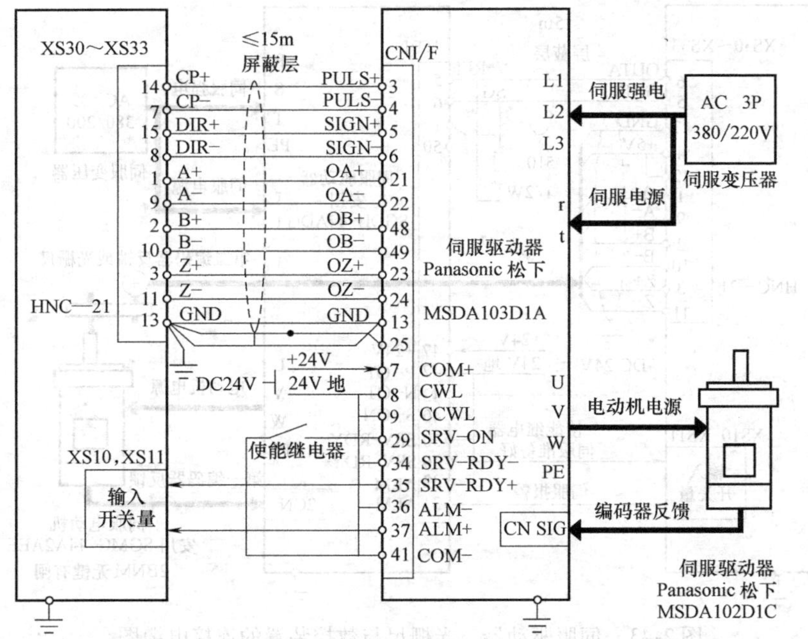

图 2-41　伺服驱动器与数控系统、伺服电动机、伺服电源的连接电缆图（脉冲信号形式）

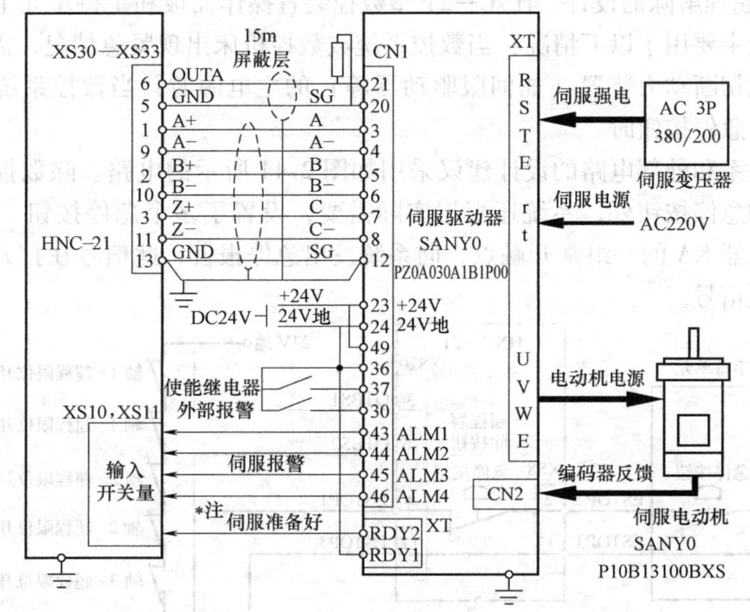

图 2-42　伺服驱动器与数控装置、伺服电动机、伺服电源的连接电缆图（模拟信号形式）

（8）其他控制信号的连接

1）数控装置与反馈电缆的连接　光栅尺作为坐标轴位移或位置检测部件是一个相对独立的测量装置，它由数控装置提供工作电源，可以将坐标轴位移转变成脉冲输出。一般生产商提供的光栅尺部件都带有安装好的电缆并配有标准的电缆插头，所以连接时只需将电缆插头与数控装置上的插座孔可靠连接即可。在图 2-43 中可以看到光栅尺提供的位移脉冲为 A、B、Z 三相脉冲，需要注意的是光栅尺连接在哪个坐标轴上，其脉冲信号就要反馈到与对应的伺服驱动器的控制端口相一致的数控装置端口（XS30 ~ XS33）上。

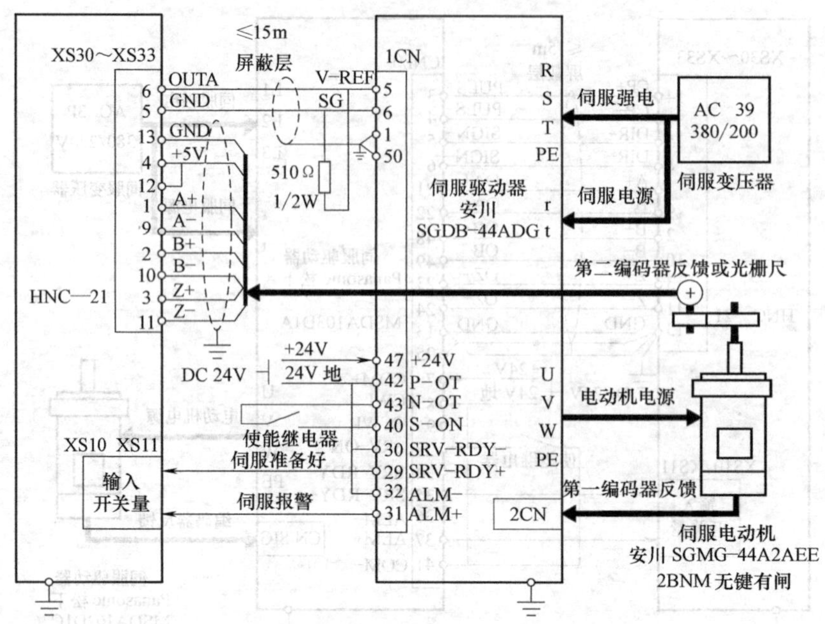

图 2-43 伺服驱动器、光栅尺与数控装置的连接电缆图

2）急停与超程解除的设计 HNC—21 型数控装置操作面板和手持单元上，均设有急停按钮。急停功能主要用于以下情况：当数控系统或数控机床出现紧急情况，需要使数控机床立即停止运动或切断动力装置（如伺服驱动器等）的主电源时；当数控系统出现自动报警信息后，需按下急停按钮时。

内部电路关系和外部电路的设计建议采用如图 2-44 所示的电路。除数控装置操作面板和手持单元处的急停按钮外，系统还根据实际需要，设置了多个急停按钮。连接在 PLC 输入端的中间继电器 KA 的一组常开触点，向系统发出急停报警，此信号在打开急停按钮时则作为系统的复位信号。

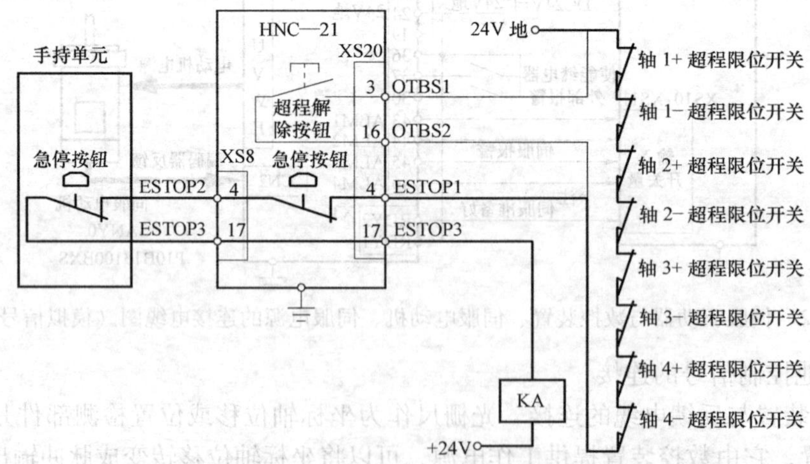

图 2-44 急停与超程解除信号内部电路关系和外部电路的接法

注：

1. 图中粗实线为急停回路，细实线为超程解除回路。
2. KA 为中间继电器，用于控制伺服、主轴等强电。
3. 建议该继电器的一个常开触点进入 PLC 开关量输入点，用于产生外部运行允许信号。

项目二 数控系统的调试

1. 实训步骤

（1）检查实训台各部分接线。

（2）验收后通电试验。

2. 实训内容

在连接完所有接线后，对实训台进行调试实验，调试时按照下面的步骤进行。

注意：在第一次上电进行系统调试时，请在老师的指导下进行。

（1）线路检查 由强电到弱电，按线路走向顺序检查，用万用表逐步测量。

1）变压器规格和进出线的方向和顺序正确。

2）主轴电动机、伺服电动机强电电缆的相序正确。

3）DC24V 电源极性连接正确。

4）步进驱动器直流电源极性连接正确。

5）所有地线都可靠且正确地连接。

（2）通电

1）按下急停按钮，断开系统中所有低压断路器。

2）合上低压断路器 QF1。

3）检查变压器 TC1 电压是否正常。

4）合上控制 DC24V 的低压断路器 QF4，检查 DC24V 电源是否正常，数控装置通电，检查控制面板上的指示灯是否点亮，开关量接线端子和继电器板的电源指示灯是否点亮。

5）用万用表测量步进驱动器直流电源 +V 和 GND 两脚之间电压应为 35V 左右，合上控制步进驱动器直流电源低压断路器 QF3。

6）合上低压断路器 QF2。

7）检查变压器 TC1 电压是否正常。

8）检查设备用到的其他部分电源是否正常。

（3）系统功能检查

1）松开“急停”按钮使系统复位，系统默认进入“手动”方式，软件操作界面的工作方式变为“手动”。

2）让 X 轴、Z 轴产生正向或负向连续移动。

3）在手动工作方式下，以低速分别移动 X、Y 轴，使之超程，仔细观察轴是否立即停止运动，软件操作界面是否出现急停报警。

4）按下“回零”按键，检查 X、Z 轴是否回参考点，回参考点后，指示灯应点亮。

5）在手动工作方式下，按下“主轴正转”按键（指示灯亮），主轴电动机以参数设定的转速正转，检查主轴电动机是否运转正常，依次检查主轴反转、主轴停止。

6）在手动工作方式下，按下刀号选择按键，选择所需的刀号，检查转塔刀架转动到位情况。

7）调入或编写一个演示程序自动运行，观察十字工作台运动情况。

（4）关机

1）按下控制面板上的“急停”按钮。

2）断开低压断路器 QF2、QF3。

3）断开低压断路器 QF4。

4）断开低压断路器 QF1，断开 380V 电源。

项目三 数控系统连接故障的设置

1. 实训步骤

（1）数控系统运行正常后，进行常见故障设置实验。

（2）记录故障现象，得出相应的结论分析。

2. 实训内容

在数控系统运行正常，实训台各个部件运行也正常的情况下，进行一些常见故障现象的设置实验，记下设置故障后的故障现象，并得出相应的分析结论。

（1）电源类故障的设置见表 2-6。

表 2-6 电源类故障的设置

序号	故障设置方法		故障现象
1	将实训台的三相电源中的 U 相去掉（注意安全，不要将电源线裸漏在外）		
2	将实训台的三相电源中的 W 相去掉		
3	主轴部分	将主轴电动机电源线去掉一相	
		将变频器的电源去掉一相	
		将主轴电动机的电源相序任意调换两相	
4	进给轴部分	将伺服驱动器的电源线去掉一相	
		将伺服电动机的电源线去掉一相	
		将伺服驱动器上面的直流短接端子去掉	

（续）

序号	故障设置方法		故 障 现 象
5	刀架类	将刀架电动机电源去掉一相，进行换刀操作	
		将刀架电动机电源任意交换两相，进行换刀操作	
6	将24V1电源断开	把继电器板的外接24V1断开	
		将继电器KA10线圈上的24V1断开	
		将继电器KA9触点上的24V1断开	
7	将输入接线转接端子板的外接24V电源断开		

（2）输入输出类故障的设置见表2-7。

表2-7　输入输出类故障

序号	故障设置方法	故 障 现 象
1	将输入点X0.0与X0.1互换，然后开机运行，手动将实训台*X*轴走到超程的位置	
2	将输入点X0.4与X0.5从输入转接板上拆下，然后进行开机回零操作	
3	将变频器接线端子上的509拆下，运行主轴电动机	
4	将变频器接线端子上的509拆下后，接到外部24V电源上，运行主轴电动机	

（续）

序号	故障设置方法	故障现象
5	将刀架电动机上的 +24V 电源去掉，观察换刀运行	
6	将系统输出端子与输出转接板之间的互连电缆拆下，进入系统	

2.5 实训报告与思考

1. 画出数控系统的电气控制回路、电源回路连接的电气原理图。

2. 总结数控系统连接、调试的一般步骤和方法。

3. 简述交流伺服驱动系统、步进驱动系统采用的控制方式，分析这两种控制方式的区别。

学习领域3　数控系统的参数设置与调整

3.1　实训目的与要求

（1）熟悉并掌握数控系统参数的定义及设置方法。

（2）了解参数设置对数控系统运行的作用及影响。

3.2　实训仪器与设备

（1）数控系统综合实训台一套。

（2）万用表一块，专用工具一套。

（3）PC 键盘一个。

3.3　相关知识概述

3.3.1　参数的概念

数控机床在出厂前，已将所采用的 CNC 系统设置了与每台数控机床的状况相匹配的初始参数，但部分参数还要经过调试来确定。初始参数表由生产厂随数控机床一起交付给用户。在数控机床维修中，有时要利用某些初始参数调整机床，有些初始参数要根据机床的运行状态进行必要的修正，所以维修人员要熟悉机床初始参数。用户买到机床后，首先应将初始参数表复制存档。一份存放在机床的文件箱内，供操作者或维修人员在使用和维修机床时参考；另一份存入机床的档案中。这些初始参数设定的正确与否将直接影响到机床的正常工作及机床性能的充分发挥。维修人员必须了解和掌握这些初始参数，并将整机参数的初始设定记录在案，妥善保存，以便维修时参考。

1. 数控机床参数的分类

（1）按照机床参数的表示形式来划分，数控机床的参数可分为三类。

1）状态型参数　状态型参数是指每项参数的 8 位二进制数位中，每一位都表示了一种独立的状态或者是某种功能的有无。

2）比率型参数　比率型参数是指某项参数设置的某几位所表示的数值都是某种参量的比例系数。

3）真实值参数　真实值参数是指某项参数直接表示系统某个参数的真实值。这类参数的设定范围一般是规定好的，用户在使用时一定要注意其所规定的范围，以免造成设定的参数超出范围值。

（2）按照机床参数所具有的性质来划分，可分为普通级参数和秘密级参数。

1）普通级参数是指数控系统的生产厂在各类公开发行的资料中所提供的参数，对参数都有明确的含义及规定，或有详细的说明。

2）秘密级参数是指数控系统的生产厂在各类公开的资料所提供的参数说明中，均有一些参数不做介绍，只是在随机床所附带的参数表中有初始的设定值，但并未说明其具体的含义。如果这类参数发生改变，用户将不知如何复原。因此购买了数控机床后，一定要将整机设定的初始参数记录下来。

2. 数控机床参数故障及其诊断

数控机床的参数是数控系统所有软件的外在装置，它决定了数控机床的功能、控制精度等。数控机床参数主要指数控系统参数和机床可编程控制器参数（下面分别简称为 NC 参数和 PMC 参数）。

在数控机床使用过程中，有些情况下，会出现数控机床参数全部丢失或个别参数改变的现象，主要原因如下。

（1）数控系统后备电池失效　后备电池失效将导致全部参数丢失。因此，在机床正常工作时应注意 CRT 上是否显示电池电压低的报警。如发现该报警，应在一周内更换符合要求的电池。更换电池的操作步骤应严格按系统生产厂的要求。如果机床长期停用，最容易出现后备电池失效的现象，应定期为机床通电，使机床空运行一段时间。这样不但有利于延长后备电池的使用寿命和及时发现后备电池失效，更重要的是对延长机床数控系统、机械系统等整个系统的使用寿命有很大益处。

（2）操作者的误操作　误操作在初次接触数控机床的操作者中是经常出现的问题。由于误操作，有时将全部参数清除，有时将个别参数改变。为避免出现这类情况，应对操作者加强上岗前的技术培训及经常性的业务培训，制定可行的操作章程并严格执行。

（3）电网瞬间停电　机床在 DNC 状态下加工工件或进行数据通信过程中电网瞬间停电。

由上述原因可以看出，数控机床参数改变或丢失的原因，有些是可以通过采取措施减少或杜绝的，有些则是无法避免的。当参数改变或机床异常时，首先要做的工作就是对数控机床参数的检查和复原。

3.3.2　参数的设置操作

1. 常用名词和按键说明

部件：HNC—21TF 型数控装置中的各种控制接口或功能单元。

权限：HNC—21TF 型数控装置中，设置了三种级别的权限，即数控厂家、机床厂家、用户，不同级别的权限，可以修改的参数是不同的。数控厂家权限级别最高，机床厂家权限其次，用户权限的级别最低。

主菜单与子菜单：在某一个菜单中，用 Enter 键选中某项后，若出现另一个菜单，则前者称主菜单，后者称子菜单。菜单可分为两种：弹出式菜单和图形按键式菜单。参数菜单如图 3-1 所示。

参数树：各级参数组成参数树，如图 3-2 所示。

窗口：显示和修改参数值的区域。

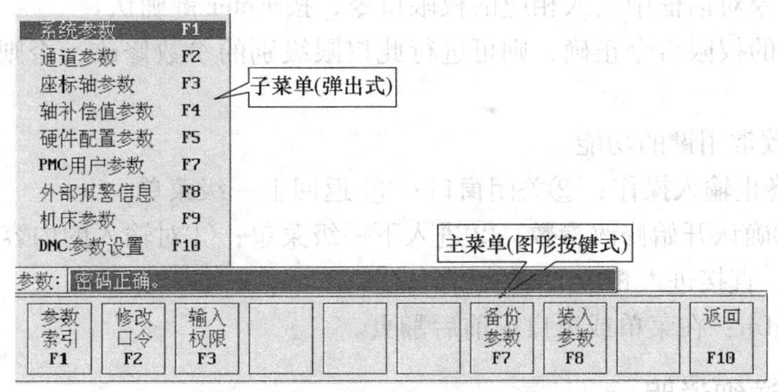

图 3-1　参数菜单

2. 参数的查看与设置（F3→F1）

在主操作界面下，按 F3 键进入参数功能子菜单，如图 3-3 所示。

参数查看与设置的具体操作步骤如下：

1）在参数功能子菜单下，按 F1 键，系统将弹出如图 3-1 所示的参数子菜单。

2）用↑、↓键选择要查看或设置的选项，按 Enter 键进入下一级菜单或窗口。

3）如果所选的选项有下一级菜单，例如坐标轴参数，则系统会弹出该坐标轴参数选项的下一级菜单。

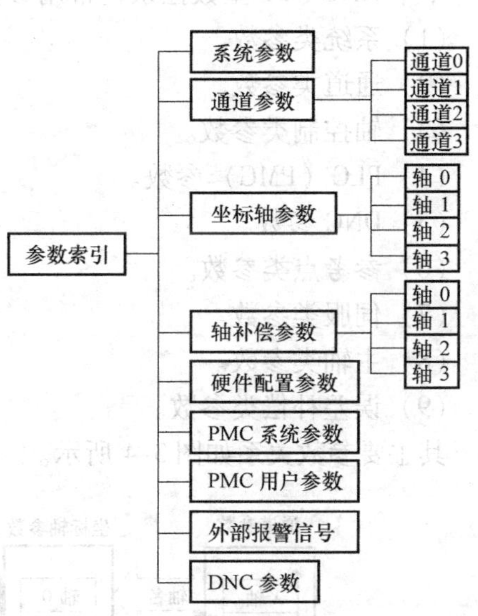

图 3-2　数控装置的参数树

3. 参数的修改

（1）参数修改权限　数控系统的运行，严格依赖于系统参数的设置，因此，对参数修改的权限分三级予以规定。

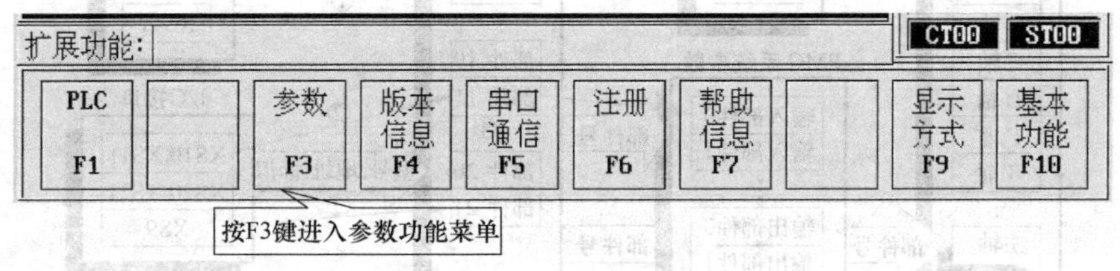

图 3-3　参数功能子菜单

数控系统生产厂家：最高级权限，能修改所有参数。

机床生产厂家：中间级权限，能修改机床调试时需要设置的参数。

用户：最低级权限，仅能修改使用时需要改变的参数。

（2）参数修改步骤　数控机床在用户处安装调试后，一般不需要修改参数。在特殊情况下，如需要修改参数，首先应输入参数修改的权限口令。具体操作步骤如下：

1）在参数功能子菜单（见图 3-3）下按 F3 键，系统会弹出权限级别选择窗口。

2）用↓、↑键选择权限，按 Enter 键确认，系统将弹出输入口令对话框。

3）在输入口令对话框中输入相应的权限口令，按 Enter 键确认。

4）若所输入的权限口令正确，则可进行此权限级别的参数修改；否则，系统会提示权限口令输入错。

（3）修改参数常用键的功能

1）Esc：①终止输入操作；②关闭窗口；③ 返回上一级菜单。

2）Enter：①确认开始修改参数；②进入下一级菜单；③对输入的内容确认。

3）F1 ~ F10：直接进入相应的菜单和窗口。

4）PgUp、PgDn：在菜单或窗口内前后翻页。

3.3.3 参数的详细说明

华中 HNC—21 型数控系统常用参数的类型有：

（1）系统类参数。

（2）通道类参数。

（3）轴控制类参数。

（4）PLC（PMC）参数。

（5）DNC 参数。

（6）参考点类参数。

（7）伺服类参数。

（8）主轴类参数。

（9）误差补偿类参数。

其主要参数关系如图 3-4 所示。

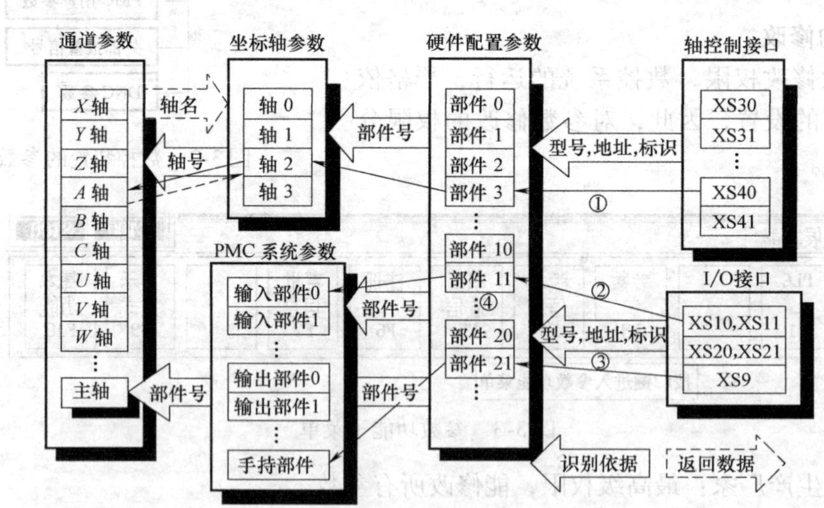

图 3-4　HNC—21 型数控系统主要参数关系图

逻辑轴：*X* 轴、*Y* 轴、*Z* 轴、*A* 轴、*B* 轴、*C* 轴、*U* 轴、*V* 轴、*W* 轴。在同一通道中，逻辑轴不可同名；在不同通道中，逻辑轴可以同名。例如，每个通道都可以有 *X* 轴。

实际轴：轴 0 ~ 轴 15，每个轴在整个系统中都是唯一的，不能重复。

1. 系统参数

系统参数主要对系统软件所工作的环境进行设置，对本系统所具有的功能进行选择，正确设置系统参数是正常运行系统的前提条件。系统参数见表3-1。

表3-1　系统参数

参数名	值	说明
插补周期	8	插补器的插补周期,单位为ms
刀具寿命管理	0	0:刀具寿命管理禁止,1:启用刀具管理
移动轴脉冲当量分母	1	用以确定移动轴内部脉冲当量,即内部运算的最小单位为1μm/此值①
旋转轴脉冲当量分母	1	用以确定旋转轴内部脉冲当量,即内部运算的最小单位为1°/(1000×此值)
数控系统的型号	HNC—21TF	本系统软件所支持的硬件类型
数控系统的类型	1	系统软件的类型(1:铣床;2:车床;3:车铣复合)
最多允许的通道数	1	本系统软件所支持的最多通道数
最多允许的轴数	4	本系统软件所支持的最多轴数
最多允许的联动轴数	3	本系统软件所支持的最多联动轴数
极坐标编程	0	本系统软件是否开通极坐标功能(1:开通;0:未开通)
圆柱插补	0	本系统软件是否开通圆柱插补功能(1:开通;0:未开通)
旋转变换	0	本系统软件是否开通旋转变换功能(1:开通;0:未开通)
缩放	0	本系统软件是否开通缩放功能(1:开通;0:未开通)
镜像	0	本系统软件是否开通镜像功能(1:开通;0:未开通)
软驱组件	1	本系统软件是否开通软驱组件功能(1:开通;0:未开通)

① 指在参数里输入的值。

2. 通道参数

通道参数是指定分配给某通道的有效逻辑轴名（*X*、*Y*、*Z*、*A*、*B*、*C*、*U*、*V*、*W*），以及与之对应的实际轴号（0~15）。实际轴号在系统中最多只能分配一次。标准设置选“0通道”。通道参数见表3-2。

表3-2　通道参数

参数名	值	说明
通道名称	cpp	通道名称,字母或数字的组合,最多8位字符,用于区别不同的通道
通道使能	1	0:无效;非0:有效
*X*轴轴号	0	分配到本通道的逻辑轴*X*的实际轴轴号,0~15:有效,-1:无效
*Y*轴轴号	1	分配到本通道的逻辑轴*Y*的实际轴轴号,0~15:有效,-1:无效
*Z*轴轴号	2	分配到本通道的逻辑轴*Z*的实际轴轴号,0~15:有效,-1:无效
*A*轴轴号	3	分配到本通道的逻辑轴*A*的实际轴轴号,0~15:有效,-1:无效
*B*轴轴号	-1	分配到本通道的逻辑轴*B*的实际轴轴号,0~15:有效,-1:无效
*C*轴轴号	-1	分配到本通道的逻辑轴*C*的实际轴轴号,0~15:有效,-1:无效
*U*轴轴号	-1	分配到本通道的逻辑轴*U*的实际轴轴号,0~15:有效,-1:无效
*V*轴轴号	-1	分配到本通道的逻辑轴*V*的实际轴轴号,0~15:有效,-1:无效
*W*轴轴号	-1	分配到本通道的逻辑轴*W*的实际轴轴号,0~15:有效,-1:无效

（续）

参数名	值	说明
主轴编码器部件号	-1或23	指定主轴编码器部件号，以便在硬件配置参数中找到相应编号的硬件设备，23：有效，-1：无效
主轴编码器每转脉冲数	0	主轴每旋转一周，编码器反馈到数控装置的脉冲数（根据实际设定）
移动轴拐角误差	20	移动轴在进行插补运动时相邻两线段进行轨迹补偿的最大限制夹角
旋转轴拐角误差	20	旋转轴在进行插补运动时相邻两线段进行轨迹补偿的最大限制夹角
通道内部参数	0	禁止更改

3. 轴参数

轴参数见表3-3。

表3-3 轴参数

参数名	出厂设定值		说明
轴名	轴0	X	轴0的逻辑轴名，与通道参数中轴号设为0的逻辑轴轴名相同，一般直线轴用X、Y、Z、U、V、W等命名，旋转轴用A、B、C等命名
	轴1	Y	
	轴2	Z	
	轴3	A	
所属通道号	0		0~3通道供选择，该实际轴（轴0）在通道参数中，指定的所属的通道号为：0~3
轴类型	0		0：未安装；1：移动轴；2：旋转轴，坐标值不受角度限制，既可以大于360°也可以小于0；3：坐标范围只能在0°~360°之间
外部脉冲当量分子	1		两者的商为坐标轴的实际脉冲当量，即电子齿轮比。分子单位为μm，分母无单位
外部脉冲当量分母	1		
正软极限位置	2000000		软件规定的正方向极限软件保护位置，只有在机床回参考点后，此参数才有效（单位：内部脉冲当量即μm）
负软极限位置	-2000000		软件规定的负方向极限软件保护位置，只有在机床回参考点后，此参数才有效（单位：内部脉冲当量即μm）
回参考点方式	2		0：无 1：单向回参考点方式 2：双向回参考点方式 3：Z脉冲方式
回参考点方向	+或-		发出回参考点指令后，坐标轴寻找参考点的初始移动方向。若发出回参考点指令时，坐标轴已经压下了参考点开关，则初始移动方向与回参考点方式有关
参考点位置	0		设置参考点在机床坐标系中的坐标位置，一般将机床坐标系的零点定为参考点位置，因此通常将其设置为0
参考点开关偏差	0		回参考点时，坐标轴找到Z脉冲后，并不作为参考点，而是继续走过一个参考点开关偏差值，才将其坐标设置为参考点
回参考点快移速度	500		回参考点时，在压下参考点开关前的快速移动速度。注意：该值必须小于最高快移速度。若回参考点速度设置得太快，应注意参考点开关与临近的限位开关（一般为正限位开关）的距离不宜太小，以避免因回参考点速度太快而来不及减速，压下了限位开关，造成急停。参考点开关的有效行程不宜太短，以避免机床来不及减速，就已越过了参考点开关，而造成回参考点失败

（续）

<table>
<tr><th>参 数 名</th><th colspan="2">出厂设定值</th><th>说 明</th></tr>
<tr><td>回参考点定位速度</td><td colspan="2">200</td><td>回参考点时，在压下参考点开关后，降低定位移动的速度，单位为 mm/min 或 °/min。注意：该参数必须小于回参考点快移速度</td></tr>
<tr><td>单向定位偏移值</td><td colspan="2">1000</td><td>工作台 G60 单向定位时，在接近定位点从快移速度转换为定位速度中，减速点与定位点之间的偏差（即减速移动的位移值）。单向定位偏移值 >0 为正向定位；单向定位偏移值 <0 为负向定位（单位：内部脉冲当量即 μm）</td></tr>
<tr><td>最高快移速度</td><td colspan="2">1000</td><td>当快移修调为最大时，G00 快移定位（不加工）的最高速度。注意：最高快移速度必须是该轴所有速度设定参数里设定值最大的。最高快移速度与外部脉冲当量分子和分母的比值密切相关。一定要合理设置此参数，以免超出电动机的转速范围</td></tr>
<tr><td>最高加工速度</td><td colspan="2">500</td><td>在一定精度条件下，数控系统执行加工指令（G01、G02 等），所允许的最高加工速度。注意：此参数与加工要求、机械传动情况及负载情况有关，最高加工速度必须小于最高快移速度</td></tr>
<tr><td>快移加减速时间常数</td><td colspan="2">100</td><td>G00 快移定位（不加工）时，从 0 加速到 1m/min 或从 1m/min 减速到 0 的时间称为快移加减速时间常数。时间常数越大，加减速越慢。注意：根据电动机转动惯量、负载转动惯量和驱动器加速能力确定，一般在 32～250 之间选。交流伺服驱动设为 32、64，步进驱动设为 100，14N·m 电动机带负载设为 64</td></tr>
<tr><td>快移加减速捷度时间常数</td><td colspan="2">60</td><td>在快移过程中加速度的变化速率，一般设置为 32、64、100 等。时间常数越大，加速度变化越平缓。注意：根据电动机转动惯量、负载转动惯量、驱动器加速能力确定，一般交流伺服驱动设为 32、64，步进驱动设为 100，14N·m 电动机设为 60</td></tr>
<tr><td>加工加减速时间常数</td><td colspan="2">150</td><td>加工过程（G01、G02…）中，从 0 加速到 1m/min 或从 1m/min 减速到 0 的时间。即加减速时，速度的时间常数，时间常数越大，速度变化越平缓。注意：在 32～250 之间选。一般交流伺服驱动设为 32、64，步进驱动设为 100，14N·m 电动机带负载时，设为 64</td></tr>
<tr><td>加工加减速捷度时间常数</td><td colspan="2">100</td><td>在加工过程中加速度的变化速率，一般设置为 32、64、100 等。时间常数越大，加速度变化越平缓。注意：根据电动机转动惯量、负载转动惯量和驱动器加速能力确定，一般在 20～150 之间选，14N·m 电动机带负载时，一般设为 60 左右</td></tr>
<tr><td>定位允差</td><td colspan="2">20</td><td>坐标轴定位时，所允许的最大偏差。注意：根据机床定位精度及脉冲当量确定。若该参数太小，系统容易因达不到定位允差而停机；若该参数太大，则会影响加工精度。一般来说，可选择机床定位精度的一半，并大于该轴脉冲当量。若采用步进电动机，则建议该值设为电动机每步对应的内部脉冲当量的整数倍。若该参数值小于该轴反向间隙，则该轴在反向时，会因在消除反向间隙时要达到定位允差范围而出现停顿</td></tr>
<tr><td rowspan="4">伺服驱动器型号</td><td>串行接口式</td><td>49</td><td rowspan="4">系统据此参数，确定伺服驱动装置的类型及驱动程序，在硬件配置参数中，部件标识的设置量应与此参数相对应</td></tr>
<tr><td>步进式</td><td>46</td></tr>
<tr><td>脉冲接口式</td><td>45</td></tr>
<tr><td>模拟接口式</td><td>41 或 42</td></tr>
<tr><td rowspan="4">伺服驱动器部件号</td><td colspan="2">0</td><td rowspan="4">根据此部件号，系统在硬件配置参数中确定该轴指向的部件，并由所指向的部件，对应到具体的外部接口和接口板卡驱动程序</td></tr>
<tr><td colspan="2">1</td></tr>
<tr><td colspan="2">2</td></tr>
<tr><td colspan="2">3</td></tr>
</table>

（续）

<table>
<tr><th colspan="3">参 数 名</th><th colspan="2">出厂设定值</th><th>说 明</th></tr>
<tr><td colspan="3">位置环
开环增益</td><td colspan="2">3000</td><td>根据机械惯性、所需伺服系统的刚性选择，该值越大增益越高，刚性越高，相同速度下位置动态误差越小。但该值太大易造成位置超调，甚至不稳定。该值在1～10000（单位：0.01/s）范围内选择</td></tr>
<tr><td colspan="3">位置环
前馈系数</td><td colspan="2">0</td><td>用于设置伺服位置环前馈系数，增强增益即响应速度，设置不合理易导致振荡、超调，建议设为0，此参数对脉冲接口式驱动、单元无效</td></tr>
<tr><td colspan="3">速度环
比例系数</td><td colspan="2">2000</td><td>用于设定速度环调节器的比例增益，设定值越大，增益越高，刚性越大，但太大会造成振荡甚至不稳定。一般情况下，可选择3000～7000，原则是负载惯量越大，设定值越大</td></tr>
<tr><td colspan="3">速度环
积分时间常数</td><td colspan="2">100</td><td>用于设定速度环调节器的积分时间常数，该值越小积分速度越快，刚性越大，但太小易造成振荡不稳定。该值越大积分速度越慢，跟踪稳定性越好，但过大会导致跟踪误差超差。一般是速度环比例系数的1/20，或更小</td></tr>
<tr><td colspan="6">上述四参数，一般在保持速度环比例系数为标准值的基础上，调试位置环开环增益。调好后，保持位置环开环增益不变，再调速度环比例系数的值。注意：上述四参数只有在使用HSV—11型伺服驱动装置时才有效</td></tr>
<tr><td colspan="3">最大转
矩值</td><td colspan="2">150</td><td>用于设置伺服驱动装置的最大转矩值（瞬时运行）。根据伺服驱动装置型号和所带电动机的型号正确设置。当设为255时，电动机的最大电流为伺服单元额定电流的100%。设置错误会损坏电动机</td></tr>
<tr><td colspan="3">额定
转矩值</td><td colspan="2">100</td><td>用于设置伺服驱动装置的最大额定转矩值（连续运行）。根据伺服驱动装置型号和所带电动机的型号正确设置。当设为255时，电动机的额定电流为伺服单元额定电流的100%。一般应小于最大转矩值的70%，设置错误会损坏电动机</td></tr>
<tr><td colspan="6">注意：上述两参数只有在使用HSV—11型伺服驱动装置时才有效</td></tr>
<tr><td colspan="3">最大跟
踪误差</td><td colspan="2">12000</td><td>用于“跟踪误差过大”报警，设置为0时无“跟踪误差过大报警”功能，使用时应根据最高速度和伺服环路滞后性能合理选取</td></tr>
<tr><td colspan="3">电动机每
转脉冲数</td><td colspan="2">2500</td><td>所使用的电动机旋转一周，数控装置所接收到的脉冲数。即由伺服驱动装置或伺服电动机反馈到数控装置的脉冲数，一般为伺服电动机位置编码器的实际脉冲数</td></tr>
<tr><td rowspan="5">伺服内部
参数[0]</td><td rowspan="2">串行式</td><td>STZ电动机</td><td colspan="2">2</td><td>电动机磁极对数</td></tr>
<tr><td>1FT6电动机</td><td colspan="2">3</td><td>电动机磁极对数</td></tr>
<tr><td colspan="2">步进电动机</td><td colspan="2"></td><td>步进电动机拍数</td></tr>
<tr><td colspan="2">脉冲式</td><td colspan="2">0</td><td>电动机磁极对数</td></tr>
<tr><td colspan="2">模拟式</td><td colspan="2"></td><td>电动机最高转速时对应的D/A值</td></tr>
<tr><td rowspan="4">伺服内部
参数[1]</td><td colspan="2">串行式</td><td colspan="2">0</td><td>未使用</td></tr>
<tr><td colspan="2">步进电动机</td><td colspan="2">0</td><td>未使用</td></tr>
<tr><td colspan="2">脉冲式</td><td colspan="2">0</td><td>反馈电子齿轮分子</td></tr>
<tr><td colspan="2">模拟式</td><td colspan="2">0</td><td>电动机零速时对应的D/A值</td></tr>
<tr><td rowspan="4">伺服内部
参数[2]</td><td colspan="2">串行式</td><td colspan="2">1或5</td><td>反馈信息</td></tr>
<tr><td colspan="2">步进电动机</td><td colspan="2">0</td><td>未使用</td></tr>
<tr><td colspan="2">脉冲式</td><td colspan="2">0</td><td>反馈电子齿轮分母</td></tr>
<tr><td colspan="2">模拟式</td><td colspan="2">0</td><td>所允许的电动机最高转速</td></tr>
</table>

（续）

参数名	出厂设定值		说明
伺服内部参数[3]	串行式	0	未使用
	步进电动机	0	未使用
	脉冲式	0	未使用
	模拟式	0	位置环延时时间常数
伺服内部参数[4]	串行式	0	未使用
	步进电动机	0	未使用
	脉冲式	0	未使用
	模拟式	0	位置环零漂补偿时间，单位为 ms
伺服内部参数[5]		0	未使用

4. 轴补偿参数

轴补偿参数见表3-4。

表 3-4　轴补偿参数

参数名	参数值	参数说明	备注
反向间隙	0	一般设置为机床常用工作区的测量值。如果采用双向螺距补偿，则此值可以设为0	
螺补类型	0、1、2、3、4	0：无；1：单向；2：双向；3：单向扩展；4：双向扩展	若为双向螺补，应先输入正向螺距偏差数据，再紧随其后输入负向螺距偏差数据
补偿点数	0～5000	螺距误差补偿的补偿点数。单向补偿时，最多可补 128 点；双向补偿时，最多可补 64 点；扩展方式下，所有轴总点数可达 5000 点	
参考点偏差号	0～5000	参考点在偏差表中的位置。排列原则：按照各补偿点在坐标轴的位置从负向往正向排列，由 0 开始编号	
补偿间隔	0～4294967295	单位：内部脉冲当量 指两个相邻补偿点之间的距离	
偏差值	-32768 +32767	单位：内部脉冲当量。偏差值 = 指令机床坐标值-实际机床坐标值 坐标轴位移的实际值与指令值之间的偏差，为了使坐标轴到达准确位置，所需多走或少走的值	

5. 硬件配置参数

硬件配置参数可以当做数控系统内部所有硬件设备的清单，共可配置 32 个部件（部件 0～部件 31）。对数控系统中相应的硬件进行设置，包括每个硬件的功能、控制方式以及每个硬件模块所对应的接口。主要包括每个进给轴的硬件配置参数、输入/输出模块硬件配置参数以及主轴、手动等其他部件的硬件配置参数，每个部件包含五个参数。

部件型号：指定接口板卡的型号。不同的数控装置，所规定的接口板卡的型号也不同，在 HNC—21 型数控装置中，板卡型号为 5310。

标识：包含值与地址。值：0，13，15，31，32，41，42，45，46，49。标识外部设备的型号，通过更改参数值，对外部设备的型号进行设定。如：步进电动机的标志应该设置为 46，伺服驱动的标志设置为 45 等。地址：指定外部设备占用的地址。在数控装置中，有可能采用多块板卡。不同的板卡，应该具有一个相应的地址。外部设备占用的地址设置不同，所对应的内部板卡也不同。如果装置中只有一块板卡，其地址应设为0。

配置［0］的值：0～255。识别 HNC—21 型数控装置中相同类型的接口，调整所接外部设备的功能。相同的控制接口，具有的控制形式、控制功能也相同，但是在使用的过程中，有可能只使用了其中的部分功能，或采用不同的控制形式，或对位的硬件接口不同，这种情况下可以通过更改配置［0］或配置［1］的值来进行区分。

配置［0］参数说明：对于不同功能的硬件，配置［0］的设置也有所不同，其参数大小为一个字节，一个字节用二进制表示共有8位，每一位的含义有所不同。下面将常用部件的配置［0］参数含义进行说明，D0～D7 表示每个字节的位。

步进驱动：D0～D3（二进制）：轴号，0000～1111
D4～D5（二进制）：00——（缺省）单脉冲输出　01——单脉冲输出
10——双脉冲输出　11——AB 相输出

脉冲接口伺服：D0～D3（二进制）：轴号，0000～1111
D4～D5（二进制）：00——（缺省）单脉冲输出　01——单脉冲输出
10——双脉冲输出　11——AB 相输出
D6～D7（二进制）：00——（缺省）AB 相反馈　01——单脉冲反馈
10——双脉冲反馈　11——AB 相反馈

模拟接口伺服：D0～D3（二进制）：轴号，0000～1111
D6～D7（二进制）：00——（缺省）AB 相反馈　01——单脉冲反馈
10——双脉冲反馈　11——AB 相反馈

配置［1］：暂未使用。

1）进给轴硬件配置参数见表3-5。

表 3-5　进给轴硬件配置参数

部件号	部件说明	伺服类型		标识	配置[0]
部件0 部件1 部件2 部件3	部件0～3为进给轴的部件号 各轴接口形式可在串口、步进、脉冲、模拟四种形式中选 配置[0]值中A为所设轴的轴号	串行伺服接口	XS40	49	0
			XS41		1
			XS42		2
			XS43		3
		其他进给驱动接口 XS30～XS33	步进驱动	46	A+0(缺省):单脉冲输出
					A+32:双脉冲输出
					A+48:AB 相输出
			脉冲接口伺服	45	A+0(缺省):单脉冲输出、AB 相反馈
					A+64:单脉冲输出、单脉冲反馈
					A+160:双脉冲输出、双脉冲反馈
					A+48:AB 相输出、AB 相反馈
			模拟接口伺服	41 或 42	A+0(缺省):AB 相反馈
					A+64:单脉冲反馈
					A+128:双脉冲反馈

2）输入/输出模块硬件配置参数见表3-6。

表3-6 输入/输出模块硬件配置参数

部件号	部件说明	组数	备注	标识	配置[0]
部件20	编程键盘与机床操作面板输入开关量	16	输入模块1部件	13	0
	编程键盘与机床操作面板输出开关量	8	输出模块2部件		
部件21	外部输入开关量（XS10～11接口）	30	输入模块0部件	13	1
	外部输出开关量（XS20～21接口）	28	输出模块0部件		
部件22	主轴模拟电压输出接口（XS9）	2	输出模块1部件	15	4
部件23	主轴编码器反馈接口（XS9）			32	4
部件24	手摇脉冲发生器接口（XS8）			31	5

6. PMC系统参数

PMC系统参数的作用是对PLC的输入/输出模块接口进行定义，具体设置见表3-7。

表3-7 PMC系统参数

参数名	值	备注
开关量输入总组数	46	开关量输入总字节数 第0～4字节，所代表的40位为数控装置自带的基本外部开关量输入；第5～29字节，为预留扩展的开关量输入；第30～45字节，为编程键盘和机床操作面板上各按键的开关量输入
开关量输出总组数	38	开关量输出总字节数 第0～3字节代表的32位为数控装置自带的基本外部开关量输出；第4～27字节，为预留扩展的开关量输出；第28、29字节所代表16位，为主轴D/A的数字量输出；第30～37字节为编程键盘和机床操作面板上各按键指示灯等的开关量输出
输入模块0部件号	21	外部输入开关量 第0～4字节共5组为数控装置自带的基本外部输入开关量（XS10、XS11接口）；第5～29共16组，为预留扩展的外部输入开关量（远程端子板XS6接口）
组数	30	
输入模块1部件号	20	第30～45字节共16组，为编程键盘与工程面板[①]按钮输入开关量
组数	16	
输入模块N部件号	-1	N=2～7，未使用
组数	0	
输出模块0部件号	21	外部输出开关量（其中XS20、XS21接口有4组，为XS6远程预留24组）Y0～Y27共28组
组数	28	
输出模块1部件号	22	主轴D/A对应数字量输出Y28～Y29共2组
组数	2	
输出模块2部件号	20	编程键盘与工程面板[①]按键指示灯输出开关量，Y30～Y37共8组
组数	8	
输出模块N部件号	-1	N=3～7，未使用
组数	0	
手持单元0部件号	24	

① 工程面板指机床操作面板或其他设备面板。

7. PMC 用户参数

PMC 用户参数 P[0] ~ P[99] 共有 100 组，在 PLC 编程中调用，并由 PLC 程序定义其含义，用以实现不修改 PLC 源程序，而通过修改用户参数的方法来调整一些 PLC 控制的过程参数，以适应现场要求。例如：润滑系统打开时间、润滑系统停止时间、主轴最低转速、主轴定向速度及换刀超时时间等。

8. 外部报警信息

外部报警信息共有 16 个，用户可在 PLC 编程中定义其报警条件，并设置报警信息的内容。

9. DNC 参数

DNC 参数见表 3-8。

表 3-8　DNC 参数

参数名	参数值	参数说明
选择串口号	1 或 2	DNC 通信时所用的串口号
数据传输波特率	300 ~ 38400	DNC 通信时的波特率，应该与 PC 计算机上的设置相同
收发数据位长度	5,6,7,8	DNC 通信时的数据位长度
数据传输停止位	1,2	DNC 通信时的停止位
奇偶校验位	1,2,3	DNC 通信时是否需要校验，1：无校验；2：奇校验；3：偶校验

3.4　实训步骤与内容

项目一　数控系统参数的备份与恢复

1. 实训步骤

（1）数控系统运行正常后，进行参数备份与恢复。

（2）记录备份参数文件名，重新加载参数。

2. 实训内容

（1）参数的备份　在修改参数前必须进行备份，以便系统参数调乱或参数丢失后比较容易恢复。参数备份可以通过本机备份、软盘拷贝、串口通信和网络等进行。

（2）制作参数备份的步骤

1）将系统菜单调至辅助菜单目录下，系统参数功能子菜单显示如前面图 3-3 所示。

2）选择参数的选项 F3，然后输入密码，参数系统菜单显示如图 3-5 所示。

图 3-5　参数系统菜单

3）此时选择功能键 F7，输入文件名确认即可，文件名可以自己随意命名，此时整个参数备份过程完成。

（3）参数的恢复与修改　首先执行参数备份步骤的1）、2）过程，然后按功能键F8（装入参数），选择事先备份的参数文件，确认后即可恢复。

注意：华中数控系统参数在更改后一定要重新起动，修改的参数才能够起作用。

项目二　数控系统参数的设置

1. 实训步骤

数控系统运行正常后，进行参数设置。

2. 实训内容

（1）与PLC单元相关参数的设置　数控装置的输入/输出开关量占用硬件配置参数中的三个部件（一般设为部件20、部件21、部件22），如图3-6所示。数控装置中接口板卡的型号都设为5301，其中部件20的标识为13，部件21的标识为13，部件22的标识为15。

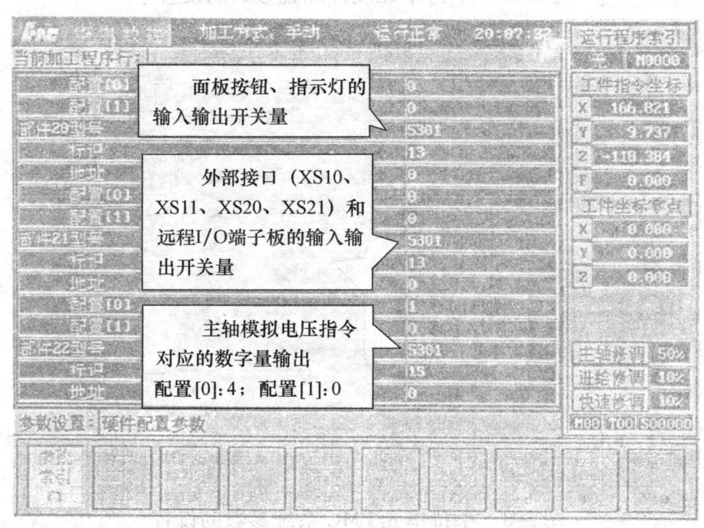

图3-6　硬件配置参数中关于输入/输出开关量的设置

（2）与手持单元相关的参数设置　手持单元上的坐标选择输入开关量与其他部分的输入/输出开关量的参数统一设置，不需要单独设置参数。手持单元上的手摇脉冲发生器需要设置相关的硬件配置参数和PMC系统参数，如图3-7、图3-8所示。通常在硬件配置参数中部件24被标识为手摇脉冲发生器（标识为31，配置［0］为5），并在PMC系统参数中引用。

（3）与主轴控制相关的参数设置　与主轴控制相关的输入/输出开关量与数控装置其他部分的输入/输出开关量的参数统一设置，不需要单独设置参数。主轴控制接口（XS9）中包含两个部件：主轴速度控制输出（模拟电压）和主轴编码器输入。主轴控制参数需要在硬件配置参数、PMC系统参数和通道参数中设定。参数设置如图3-6、图3-9所示。

（4）使用步进电动机时的有关参数设置

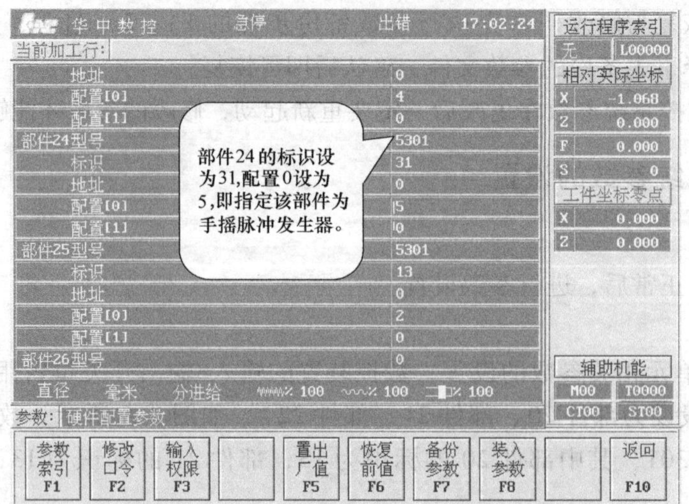

图 3-7 手持单元硬件配置参数的设置

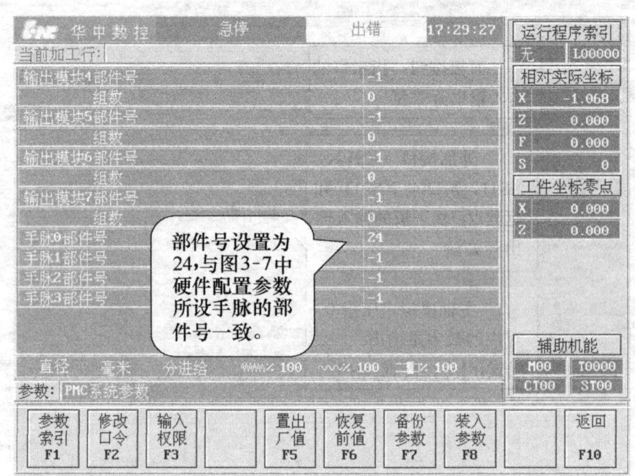

图 3-8 手持单元 PMC 系统参数的设置

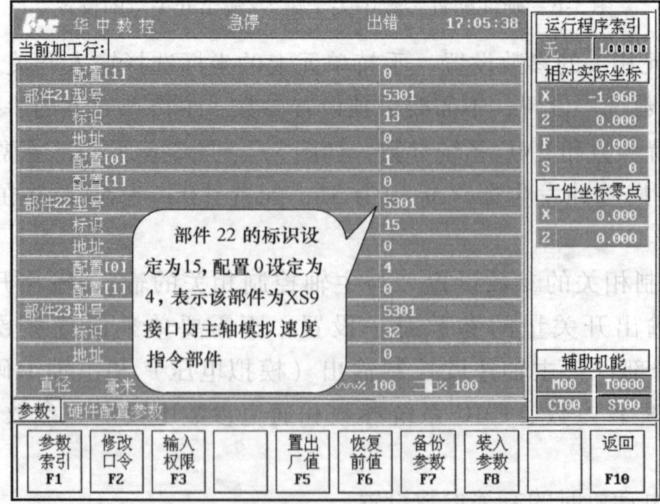

图 3-9 主轴速度控制（模拟电压）在硬件配置参数中的设置

1）坐标轴参数的设置见表3-9。

表3-9　坐标轴参数的设置

参数名		参数说明	参数范围
伺服驱动装置型号	不带反馈	步进电动机不带反馈代码为46	46
伺服驱动装置部件号		该轴对应的硬件部件号	0~3
位置环开环增益(0.01/s)		不使用	0
位置环前馈系数(1/10000)		不使用	0
速度环比例系数		不使用	0
速度环积分时间常数(ms)		不使用	0
最大转矩值		不使用	0
额定转矩值		不使用	0
最大跟踪误差	不带反馈	0	0
电动机每转脉冲数		电动机转动一圈所对应的输出脉冲当量数	10~60000
伺服内部参数[0]	不带反馈	步进电动机拍数	1~60000
伺服内部参数[1]	不带反馈	0	0
伺服内部参数[2]	不带反馈	0	0
伺服内部参数[3]		不使用	0
伺服内部参数[4]		不使用	0
伺服内部参数[5]		不使用	0

2）硬件配置参数的设置见表3-10。

表3-10　硬件配置参数的设置

参数名	型号	标识	地址	配置[0]	配置[1]
部件0	5301	不带反馈:46	0	①	②
部件1					
部件2					
部件3					

① D0~D3（二进制）：轴号，0000~1111。

D4~D5（二进制）：00——（缺省）单脉冲输出；01——单脉冲输出；10——双脉冲输出；11——AB相输出。

② 0：编码器Z脉冲边沿。

8：编码器Z脉冲高电平。

-8：编码器Z脉冲低电平。

其他：以开关量代替Z脉冲。

（5）使用脉冲接口伺服驱动系统时有关参数的设置

1）坐标轴参数的设置见表3-11。

表 3-11 坐标轴参数的设置

参数名	参数说明	参数范围
伺服驱动装置型号	脉冲接口伺服驱动装置型号代码为 45	45
伺服驱动装置部件号	该轴对应的硬件部件号	0~3
位置环开环增益(0.01/s)	请在伺服驱动装置上设置	0
位置环前馈系数(1/10000)	请在伺服驱动装置上设置	0
速度环比例系数	请在伺服驱动装置上设置	0
速度环积分时间常数(ms)	请在伺服驱动装置上设置	0
最大转矩值	请在伺服驱动装置上设置	0
额定转矩值	请在伺服驱动装置上设置	0
最大跟踪误差	本参数用于"跟踪误差过大"报警	0~60000
电动机每转脉冲数	电动机转动一圈所对应的输出脉冲当量数	10~60000
伺服内部参数[0]	设置为 0	0
伺服内部参数[1]	反馈电子齿轮分子	±1~±32000
伺服内部参数[2]	反馈电子齿轮分母	±1~±32000
伺服内部参数[3]	不使用	0
伺服内部参数[4]	不使用	0
伺服内部参数[5]	不使用	0

2）硬件配置参数的设置见表 3-12。

表 3-12 硬件配置参数的设置

参数名	型号	标识	地址	配置[0]	配置[1]
部件 0	5301	45	0	①	0
部件 1					
部件 2					
部件 3					

① D0~D3（二进制）：轴号，0000~1111。
D4~D5（二进制）：00——（缺省）单脉冲输出；01——单脉冲输出；10——双脉冲输出；11——AB 相输出。
D6~D7（二进制）：00——（缺省）AB 相反馈；01——单脉冲反馈。

（6）使用模拟接口伺服驱动时的有关参数设置

1）坐标轴参数的设置见表 3-13。

表 3-13 坐标轴参数的设置

参数名	参数说明	参数范围
伺服驱动装置型号	模拟接口伺服驱动装置型号代码为 41 或 42	41、42
伺服驱动装置部件号	该轴对应的硬件部件号	0~3
位置环开环增益(0.01/s)	根据机械惯性和需要的伺服刚性选择，设置值越大增益越高，刚性越高，相同速度下位置动态误差越小。但太大会造成位置超调甚至不稳定，一般可选择 3000	1~10000

（续）

参 数 名	参 数 说 明	参 数 范 围
位置环前馈系数(1/10000)	决定位置前馈增益,用于改善位置跟踪特性,减少动态跟踪误差,但太大会产生振荡甚至不稳定	0～10000
速度环比例系数	请在伺服驱动装置上设置	0
速度环积分时间常数(ms)	请在伺服驱动装置上设置	0
最大转矩值	请在伺服驱动装置上设置	0
额定转矩值	请在伺服驱动装置上设置	0
最大跟踪误差	本参数用于“跟踪误差过大”报警	0～60000
电动机每转脉冲数(1/4)	电动机转动一圈所对应的输出脉冲当量数/4	10～60000
伺服内部参数[0]	1000rpm 时对应速度给定 D/A 数值	1～30000
伺服内部参数[1]	速度给定最小 D/A 数值	1～300
伺服内部参数[2]	速度给定最大 D/A 数值	1～32000
伺服内部参数[3]	位置环延时时间常数(ms)	0～8
伺服内部参数[4]	位置环零漂补偿时间(ms)	0～32000
伺服内部参数[5]	不使用	0

2）硬件配置参数的设置见表3-14。

表3-14　硬件配置参数的设置

参 数 名	型 号	标 识	地 址	配 置 [0]	配 置 [1]
部件0	5301	41:反馈极性正常 42:反馈极性取反	0	①	0
部件1					
部件2					
部件3					

① D0～D3（二进制）：轴号，0000～1111。

D6～D7（二进制）：00——（缺省）AB 相反馈；01——单脉冲反馈；10——双脉冲反馈；11——AB 相反馈。

（7）数控系统电子齿轮分子分母参数的设置　现在的数控装置和驱动装置一般都设计了内部电子齿轮及步进驱动装置的细分功能，该功能可以方便地改变外部指令和所发位置指令的关系，从而代替传动系统的作用，使用起来非常方便。可以通过调节内部电子齿轮比来改变外部脉冲当量，即改变每个位置指令（脉冲信号）所对应的实际坐标轴移动的距离或旋转的角度。

世纪星系列数控装置的控制软件具有两级电子齿轮，第一级电子齿轮调整零件程序指令与机床实际移动距离的匹配关系，称为外部电子齿轮；第二级电子齿轮调整位置指令和位置反馈的匹配关系，称为反馈电子齿轮。

移动轴外部脉冲当量分子的单位为 μm；旋转轴外部脉冲当量分子的单位为 0.001°。外部脉冲当量分母无单位。通过设置外部脉冲当量分子和外部脉冲当量分母，可实现改变电子齿轮比的目的；也可通过改变电子齿轮比的符号，达到改变电动机旋转方向的目的。

1）外部电子齿轮比的计算　世纪星系列数控装置的外部电子齿轮比由外部脉冲当量分子和外部脉冲当量分母两个参数组成，在轴参数中设置，设置的范围是 -32767 ~ +32767，软件系统的内部脉冲当量为 0.001mm。为了提高控制精度，系统对内部脉冲当量有固定的细分系数 X_1，见表 3-15。

表 3-15　内部脉冲当量细分系数 X_1

数控装置	HNC—21 型/HNC—22 型数控装置		HNC—18i 型数控装置 HNC—19i 型数控装置
	伺服驱动	步进驱动	
X_1	1	16	4

外部电子齿轮比的计算公式为

$$\frac{\text{外部脉冲当量分子}(\mu m)}{\text{外部脉冲当量分母}}=\frac{LJ}{NX_1X_2} \tag{3-1}$$

$$\frac{\text{外部脉冲当量分子}(\mu m)}{\text{外部脉冲当量分母}}=\frac{LBJ}{MX_1X_2} \tag{3-2}$$

对于步进电动机/伺服电动机，外部电子齿轮比的计算方法，如式（3-1）/式（3-2）所示。

式中　L——丝杠导程所对应的内部脉冲当量（对于世纪星系列的数控系统，在进行齿轮比计算的时候，内部脉冲当量为 0.001mm）；

N——电动机每转一圈所需要的脉冲数；

X_1——数控系统的细分系数；

X_2——对步进电动机来说是指步进驱动器本身的细分系数；对伺服电动机来说是指伺服驱动器的内部电子齿轮比；

J——机床进给轴的机械传动齿轮比；

M——伺服电动机码盘的每转脉冲数，即电动机的码盘线数；

B——数控系统对伺服电动机的码盘反馈的倍频数（对于世纪星系列的数控系统，电动机的码盘反馈的倍频数为 4）。

以数控系统综合实训台的 X 轴的电子齿轮比为例计算方法如下。

对于 X 轴为步进电动机，电动机的步距角为 1.8°，则电动机的每转脉冲数为 $N=360°/1.8°=200$。

电动机与丝杠为直联方式，则 $J=1$。

丝杠的导程为 5mm，则 $L=5000\mu m$。

系统对内部脉冲当量的细分系数 $X_1=16$。

假设步进驱动器本身的细分系数为 $X_2=8$。

那么

$$\frac{\text{外部脉冲当量分子}(\mu m)}{\text{外部脉冲当量分母}}=\frac{LJ}{NX_1X_2}=\frac{5000}{200\times16\times8\times1}=\frac{25}{128}$$

由此可得，数控系统综合实训台 X 轴的外部电子齿轮比为 25/128，把轴参数中的外部脉冲当量分子改为 25，外部脉冲当量分母改为 128，整个 X 轴的外部电子齿轮比的计算并设置的过程完成。同理可得实训台 Z 轴的电子齿轮比。

2）反馈电子齿轮比的计算。世纪星系列数控装置的反馈电子齿轮比由反馈电子齿轮分子和反馈电子齿轮分母两个参数组成，在伺服驱动装置参数中设置，设置的范围是 -32767 ~ +32767。反馈通常是来自伺服驱动装置，与机床传动机构无关，由于步进电动机没有反馈，因此这两个参数无效。

反馈电子齿轮比的计算公式为

$$\frac{\text{反馈电子齿轮分子}}{\text{反馈电子齿轮分母}}=\frac{\text{电动机转一圈系统所发出的脉冲数}}{\text{电动机转一圈的反馈脉冲数}}=\frac{NX_1X_2}{MB} \tag{3-3}$$

式中　N——电动机转一圈所需脉冲数；

M——伺服电动机的码盘线数；

X_1——数控系统的细分系数；

X_2——伺服驱动器的倍频数或伺服驱动器的内部电子齿轮比；

B——数控系统对伺服电动机的码盘反馈的倍频数。

对伺服电动机来说，$N=M$，所以，

$$\frac{\text{反馈电子齿轮分子}}{\text{反馈电子齿轮分母}}=\frac{X_1X_2}{B}$$

例如：华中数控股份有限公司生产的 HSV—16D 型和 HSV—20D 型系列伺服驱动器，标准配置电动机的编码器为 2500 线，驱动器内部进行了 4 倍频处理，试计算系统的反馈电子齿轮比。

若采用世纪星 HNC—21/22 型系列数控系统，可知伺服驱动器的反馈信号有 4 倍频，因此反馈电子齿轮比为

$$\frac{\text{反馈电子齿轮分子}}{\text{反馈电子齿轮分母}}=\frac{4}{4}=\frac{1}{1}$$

若采用世纪星 HNC—18i/19i 型系列数控系统，可知伺服驱动器的反馈信号没有倍频，则反馈电子齿轮比为

$$\frac{\text{反馈电子齿轮分子}}{\text{反馈电子齿轮分母}}=\frac{4}{1}$$

可利用上述的计算方法，计算出综合实训台 Z 轴的反馈电子齿轮比。

项目三　数控系统参数的修改与调试

1. 实训步骤

（1）了解参数设置对数控系统运行的作用及影响。

（2）进行常见参数的修改与调试，记录现象，得出相应的分析结论。

2. 实训内容

（1）快移/加工加减速时间常数及捷度时间常数的调节实验　在数控机床轴参数里面含有快移加减速时间常数、加工加减速时间常数及捷度时间常数，这几个参数直接影响到机床运行时的状态。机床进给轴速度变化时并不是突变，而是有一个固定的加减速时间常数（如图 3-10 所示）。可以在轴参数中定义这个时间的

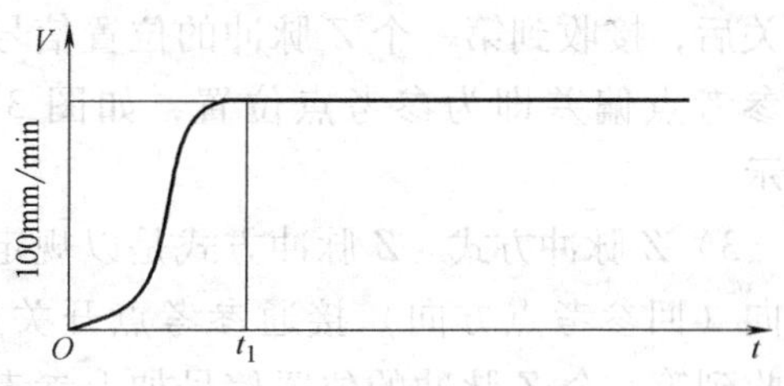

图 3-10　机床进给轴速度变化曲线

长短，即修改快移/加工加减速时间常数。也可以通过修改快移/加工加减速捷度时间常数，来改变进给轴在加速/减速时的加速度的变化率。下面通过修改这几个参数来观察各个轴运动时的变化，以及每个轴移动的状态，并将观察到的数据填写在表3-16中。

表3-16　快移/加工加减速时间常数及捷度时间常数的调节

序号	快移/加工加减速时间常数	快移/加工加减速捷度时间常数	进给速度 v（m/min）	进给轴以相同速度起动和停止时的状态（如轴运动时的声音、响应速度等）
1	256	128	1	
2	64	32	1	
3	4	4	1	

（2）改变机床回参考点的方式实验　数控机床回参考点的方式有以下三种。

1）单向回参考点方式　单向回参考点方式是以规定的方向（回参考点方向）和回参考点快移速度寻找参考点。接通参考点开关后，机床以回参考点定位速度继续移动，接收到的第一个 Z 脉冲的位置信号（或步进电动机A相第一次输出的位置信号）加上参考点偏差即为参考点位置，如图3-11、图3-12所示。

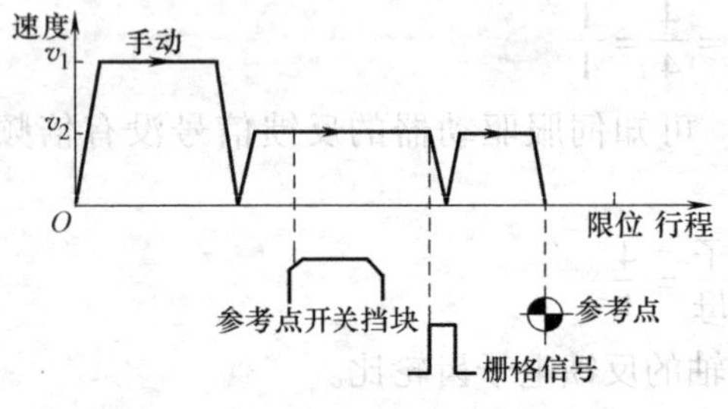

图3-11　回参考点方式一

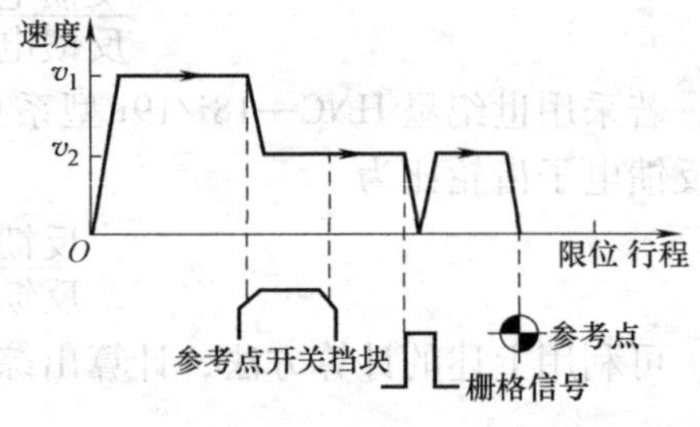

图3-12　回参考点方式二

2）双向回参考点方式　双向回参考点方式是以规定的方向（回参考点方向）和回参考点快移速度寻找参考点。接通参考点开关，反向离开参考点开关，然后再以回参考点定位速度向参考点开关方向前进，再次接通参考点开关后，接收到第一个 Z 脉冲的位置信号加上参考点偏差即为参考点位置，如图3-13所示。

3）Z 脉冲方式　Z 脉冲方式是以规定的方向（回参考点方向）接通参考点开关后，接收到第一个 Z 脉冲的位置信号加上参考点偏差即为参考点位置。

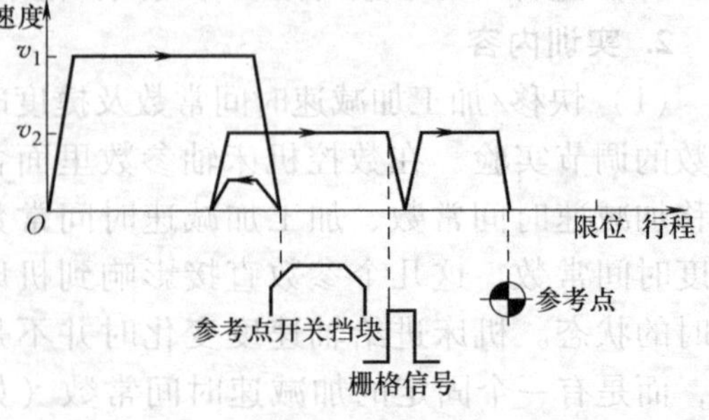

图3-13　回参考点方式三

观察不同回零方式下，工作台的动作过程，并记录到表3-17中。

表3-17　机床回参考点方式实验

回零方式	动作过程
1(+-)	
2(+-+)	
3(内部方式)	

4）注意事项

① 在采用第一种方式回零时，由于工作台的回零减速开关与正向限位之间的距离过短，回零时可能会发生超程的现象，所以回零时可以手动给定一个减速信号，回零过程中用手按下减速开关，然后观察机床的回零过程。

② 修改参考点位置与参考点开关偏差这两个参数，观察机床在回零时有什么变化。

(3）轴的正负软极限设置实验　机床实际操作过程中，为了机床的安全操作，也为了防止机床撞击硬限位开关，所以要对机床设置一定的软极限。设置方法如下。

1）先对机床进行回零操作。

2）在机床的手动或者是手摇模式下使机床轴运动至超程，记下此时机床坐标的轴位置，得出每个轴的正负有效行程。

3）将所得到的机床行程距离缩短5~10mm，输入到机床参数的轴参数中。

4）重新起动系统，回零后，运行机床，检验所设极限是否有效。

5）注意事项。

① 设置系统的软极限后，每次重新起动数控系统，必须重新回零后软极限才能够生效。

② 如果是车床数控系统，对于X轴来说，首先要确认X轴的机床坐标显示的是半径值还是直径值，对于华中世纪星系列的数控系统，正负软极限所设定的数值是半径值，所以系统界面上如果显示的是直径值，那么要将直径值换算成半径值再添加到系统参数中。

(4）将X、Z接口进行互换参数设置实验　在进行数控机床维修的过程中，经常利用互换法来确定机床故障，这种方法简单有效。

例：一普通数控车床，有两个进给轴，且两个进给轴都采用相同型号的伺服驱动器及伺服电动机。在机床的运行过程中，Z轴出现的故障为：不运动并且显示跟踪误差过大。试分析可能会是什么原因？分析过程如下。

1）判断故障所在的位置，一般可以采用由前至后或由后至前的判断方法。由前至后的方法是按照运行指令所到达的路线由前到后的顺序判断。图3-14所示是本机床正常情况下进给轴的控制框图1。

2）进一步判断故障所在的位置，可以首先排除是否是数控系统出现问题。操作方法如图3-15所示，将XS30接口接在Z轴伺服驱动器上面，将XS32接口接在X轴伺服驱动器上面。

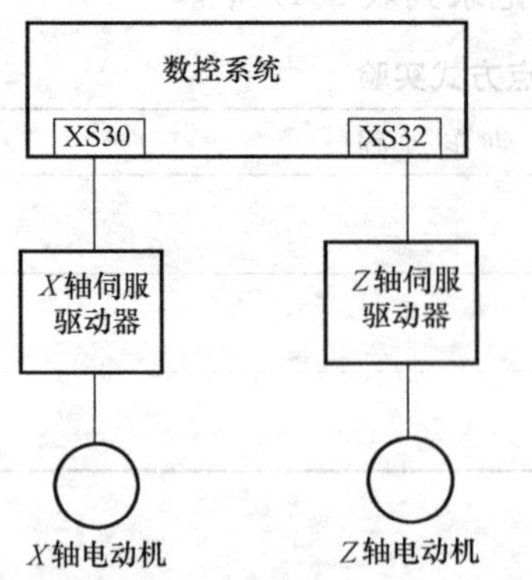

图 3-14 进给轴的控制框图 1

图 3-15 进给轴的控制框图 2

3）运行系统，如果此时 X 轴不能正常运行，Z 轴能够正常运行，那么得出的结论是什么？如果此时 X 轴能够正常运行，Z 轴不能正常运行，那么得出的结论又是什么？

4）如果判断出故障不是出现在数控系统上，接下来要判断故障是出现在伺服驱动器上还是出现在伺服电动机上，如图 3-16 所示。

5）运行系统，如果此时 X 轴不能正常运行，Z 轴能够正常运行，得出的结论是什么？如果此时 X 轴能够正常运行，Z 轴不能正常运行，得出的结论又是什么？

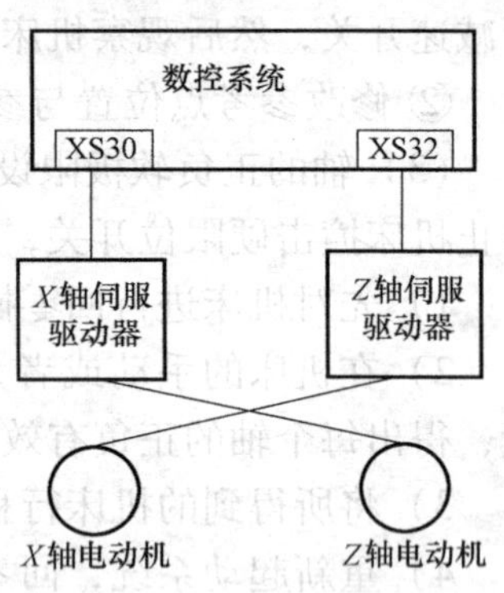

图 3-16 进给轴的控制框图 3

项目四 数控系统参数故障的设置

1. 实训步骤

（1）数控系统运行正常后，进行常见故障设置实验。

（2）记录故障现象，得出相应的分析结论。

（3）总结数控系统参数的功能及其与机床的匹配设置。

2. 实训内容

数控系统常见参数故障设置实验见表 3-18。

表 3-18 数控系统常见参数故障的设置

序号	故障设置方法	现象及分析
1	将 X 坐标轴参数中的外部脉冲当量的分子或分母的符号改变，运行 X 轴	
2	将坐标轴参数中的外部脉冲当量的分子分母比值进行改动（增加或减小），观察机床坐标轴运动时指令位置与实际位置是否一致	

（续）

序　号	故障设置方法	现象及分析
3	将坐标轴参数中的正负软极限的符号设置错误（正软极限设为负值或负软极限设为正值）	
4	将 X 轴的轴参数中的磁极对数（P[0]）设置为零，退出系统后进行 X 轴的回零操作	
5	将 Z 轴参数中的定位允差与最大跟踪误差分别设为5和1000，并快速移动工作台的 Z 轴	
6	将 X 坐标轴参数中的伺服单元型号设置为45，Z 坐标轴设置为46，重新开机观察系统运行状况	
7	将 Z 坐标轴参数中的伺服内部参数P[1]、P[2]的任一符号进行改动，运行 Z 轴	

3.5　实训报告与思考

1. 分析参数设置对数控系统运行的作用及影响。
2. 简述HNC—21TF型数控装置参数的设置及调整方法。
3. 将 X 轴的指令线接到XS31接口上，应该怎样设置参数？
4. 用XS30接口控制主轴变频器，应该怎样设置参数才能使变频器正常工作？
5. 通过修改数控系统参数，增加一个旋转轴。

学习领域 4　步进单元的调试及使用

4.1　实训目的与要求

（1）熟悉步进电动机的运行原理及其驱动系统的连接。
（2）掌握步进电动机的性能特性及其驱动器参数设置和调试的基本方法。
（3）了解步进驱动系统的简单故障现象和原因。

4.2　实训仪器与设备

（1）数控系统综合实训台一套。
（2）10mm 十字螺钉旋具、2mm 一字螺钉旋具各一把。

4.3　相关知识概述

4.3.1　进给单元的基本知识

伺服单元和进给驱动装置合称为进给伺服驱动系统，它是数控机床的重要组成部分，包括机械、电子、电动机等各种部件，涉及对强电弱电的控制。数控机床的运动速度、跟踪及定位精度、表面加工质量、生产率以及工作可靠性，主要取决于伺服系统的动态和静态性能，一般数控机床的主要故障也出在伺服系统上。

伺服单元接收来自 CNC 装置的进给指令，这些指令经变换和放大后通过驱动装置转变成执行部件进给的速度、方向和位移。因此伺服单元是数控装置与机床本体的联系环节，它把来自数控装置的微弱指令信号放大成控制驱动装置的大功率信号。根据接收指令的不同，伺服单元有脉冲单元和模拟单元之分；伺服单元就其系统控制而言又有开环控制系统、半闭环控制系统和闭环控制系统之分，其工作原理亦有差别。三种控制方式如图 4-1、图 4-2、图 4-3 所示。

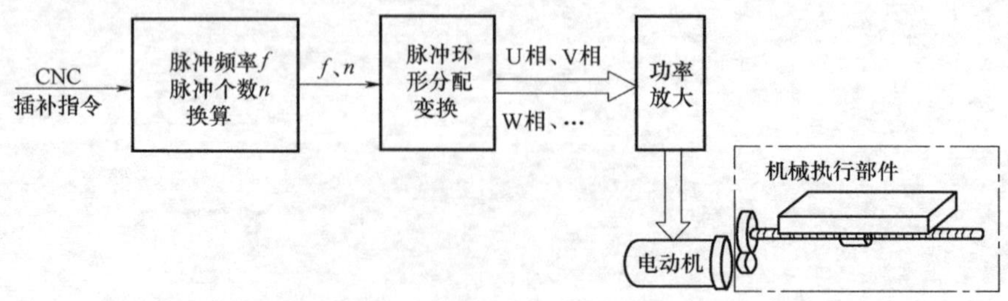

图 4-1　开环控制的进给驱动系统

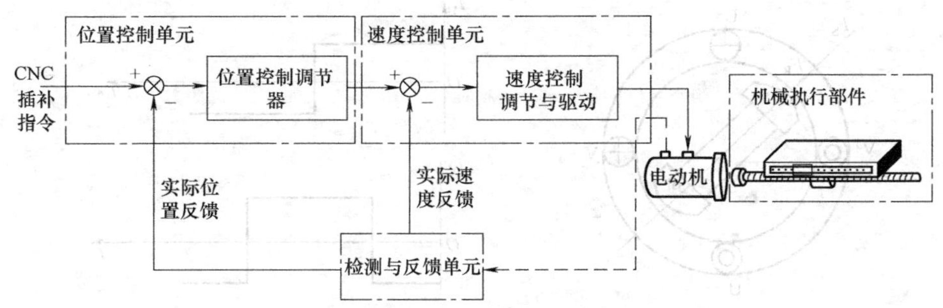

图 4-2　半闭环控制的进给驱动系统

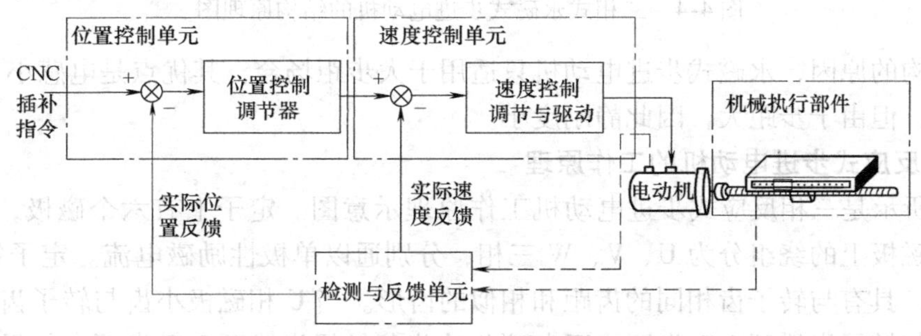

图 4-3　闭环控制的进给驱动系统

4.3.2　步进电动机的工作原理

步进电动机是一种能将数字脉冲信号输入转换成物体的旋转增量运动的电磁执行元件。每输入一个脉冲信号，步进电动机转轴步进一个步距角增量。因此，步进电动机能很方便地将电脉冲信号转换为角位移，具有定位精度好、无漂移和无累积定位误差等优点。它还能跟踪一定频率范围的脉冲序列，可作为同步电动机使用，广泛地应用于各种小型自动化设备及仪器中。

步进电动机按产生转矩的方式，可分为反应式、永磁式及混合式步进电动机；根据控制绕组的数量可分为二相、三相、四相、五相、六相步进电动机；根据电流的极性可分为单极性和双极性步进电动机；根据运动的形式可分为旋转、直线、平面步进电动机。

1. 永磁式步进电动机的工作原理

图 4-4 是永磁式步进电动机的结构原理图，定子绕组分为 U、V 两相，分别通以双极性励磁电流 i_U、i_V，如图 4-4b 所示。此时，定子产生磁动势 F_s，转子为一对磁极的永磁体，产生磁动势 F_R，如图 4-4a 所示，转子的平衡位置处于 F_R 与 F_s 相重合处，当按图 4-4b 所示的时序改变励磁电流时，F_s 每次移动 π。

F_s 每次移动 π/2（逆时针方向），转子也会跟着 F_s 移动 π/2，处于新平衡位置。由于在一次通电循环之后，共有 4 次电流变化（称为四拍），转子恰好转了一圈，故可计算出步进电动机的步距角 β 为

$$\beta = \frac{360°}{\text{循环拍数} \times \text{磁极对数}} = 90°$$

若改变电流的相序（见图 4-4b），永磁式步进电动机将反转。

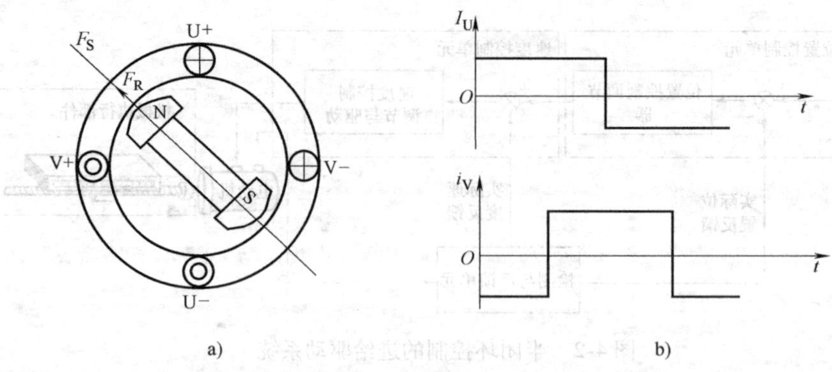

图 4-4　二相式永磁式步进电动机的结构原理图

由于结构的原因，永磁式步进电动机只适用于大步距场合，其优点是电感小，可用较低的电压驱动，但由于步距大，因此静刚度小。

2. 三相反应式步进电动机的工作原理

图 4-5 所示是三相反应式步进电动机工作原理示意图。定子上有六个磁极，分成三对，称为三相。磁极上的绕组分为 U、V、W 三相，分别通以单极性励磁电流。定子每相磁极上分布有小齿，具有与转子齿相同的齿距和相似的齿形。当 U 相磁极小齿与转子齿对齐时，V 相磁极小齿与转子齿错开 1/3 齿距，W 相磁极小齿与转子齿错开 2/3 齿距。如果以 U-V-W-U（三拍）方式通电，U 相通电励磁后，即建立了以 U-U′为轴线的磁场，该磁场通过由定、转子所组成的磁路，并使转子齿在磁场力的作用下与定子小齿对齐，如图 4-5a 所示；接着，在 U 相切断的同时，V 相接通，建立了以 V-V′为轴线的磁场，此时转子齿在磁场力的作用下与 V 相定子小齿对齐。同理，在 V 相切断的同时，W 相接通，转子齿在磁场力的作用下与 W 相定子小齿对齐。在这样一次通电循环之后，转子转过一个齿距角，由此可计算出步距角 β 为

$$\beta = 360° / (3 \times Z_2)$$

式中　Z_2——转子总齿数；

　　　3——循环拍数。

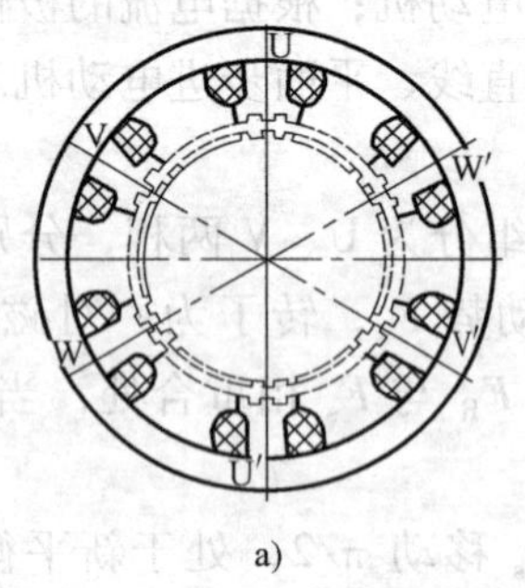

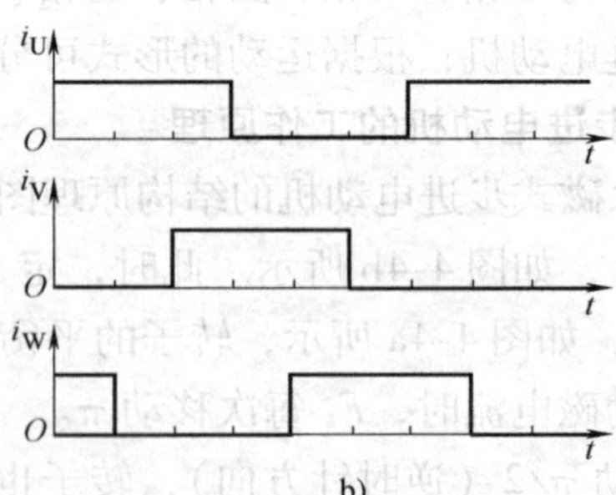

图 4-5　三相反应式步进电动机的结构原理图

若按图 4-5b 所示的通电时序，即以 WU-U-UV-V-VW-W-WU（六拍）方式通电，一次通电循环之后，转子也转过一个齿距，其步距角 β 为

$$\beta = 360° / (6 \times Z_2)$$

由于 Z_2 可以取较大值，如 $Z_2=50\sim100$，则 β 可以小到 1°以下，故反应式步进电动机适于在小步距的场合应用。其优点是步距小，静刚度大，但由于电感大，因此需要较高的电压驱动。

3. 混合式步进电动机的工作原理

混合式步进电动机综合了永磁式及反应式步进电动机两者的优点，因而得到了广泛的应用。图 4-6 所示为两相混合式步进电动机结构原理图，定子与反应式步进电动机的类似，磁极上有控制绕组，磁极表面有小齿。绕组为 U、V 两相，并通以双极性励磁电流。转子铁心分成两段，中间有一环形永磁体，充磁方向为轴向，如图 4-6 所示，两段转子铁心的齿数和齿形完全一样，但互对位置沿圆周方向相互错开 1/2 齿距角，即齿与槽相对。由于永磁体的作用，其转子的齿带有固定的极性。若 U 相通以正向电流，U 相磁极产生的极性为：U_1 和 U_3 为 S 极，U_2 和 U_4 为 N 极。由于转子齿左段为 N 极性，故 U_1 和 U_3 极的定子齿与转子齿对齐，而 U_2 和 U_4 的定子齿因与转子齿同极性，形成齿槽相对；在转子的右段，情况与左段相反，U_2 和 U_4 的定子齿与转子齿对齐，而 U_1 和 U_3 则为齿槽相对。磁路走向如图 4-6 中箭头所示的方向沿轴向穿过转子左段，沿径向通过气隙和定子磁极，再沿轴向经过定子轭，沿径向通过定子磁极和气隙，进入右段转子。若 U 相通以负向电流，U_1 和 U_3 变为 N 极，U_2 和 U_4 变为 S 极，齿槽对应的情况与上述相反，也即电流从正方向改变为负方向后，转子将转过 1/2 齿距。当 U_1 磁极的定子齿与转子齿对齐时，V 相的 V_1 磁极定子齿与转子齿之间错开了 1/4 齿距，因此从 U 相正电流转换为 V 相正电流时，转子将转过 1/4 齿距。

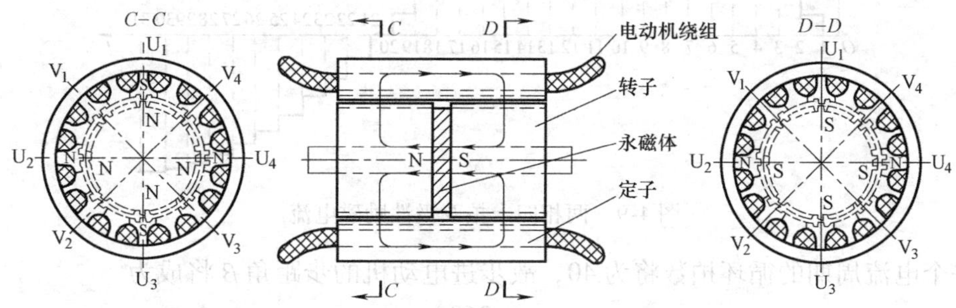

图 4-6　两相混合式步进电动机的结构原理图

若步进电动机通以如图 4-7 所示的两相双极性励磁电流，则在任何时刻 U、V 相都存在电流，步进电动机的电磁转矩由两相的转矩合成，转子的平衡位置则处于 U、V 相两个平衡位置之间。每一次电流变化，转子就会转过 1/4 齿距。一个电流周期，共发生 4 次电流转换（称为四拍），转子则转过 1 个齿距，因此步进电动机的步距角 β 为

$$\beta=\frac{360°}{\text{循环拍数}\times\text{转子齿数}}=\frac{360°}{4\times\text{转子齿数}}$$

若通以两相八拍双极性励磁电流，如图 4-8 所示，则步进电动机的步距角 β 为前者的 1/2，即

$$\beta=\frac{360°}{8\times\text{转子齿数}}$$

称细分系数为 2。

若 U、V 两相励磁电流按图 4-9 所示分成 40 等份的余弦函数和正弦函数采样点给定电

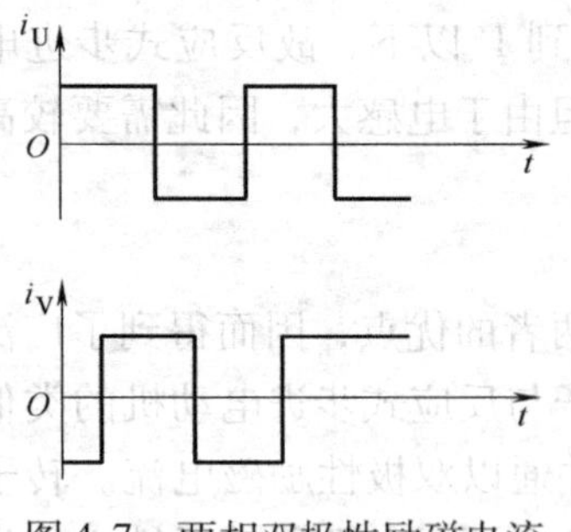

图 4-7 两相双极性励磁电流

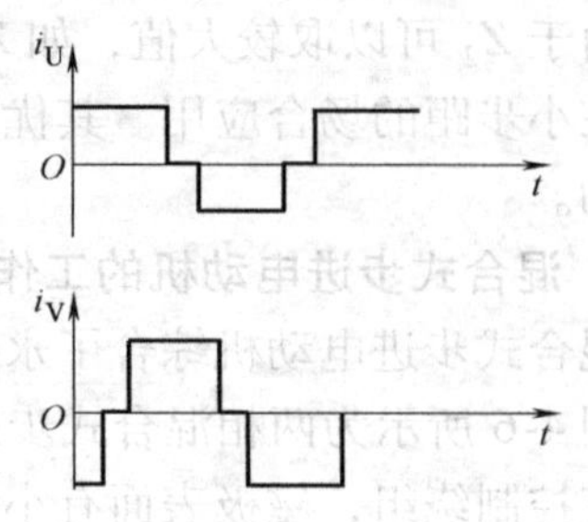

图 4-8 两相八拍双极性励磁电流

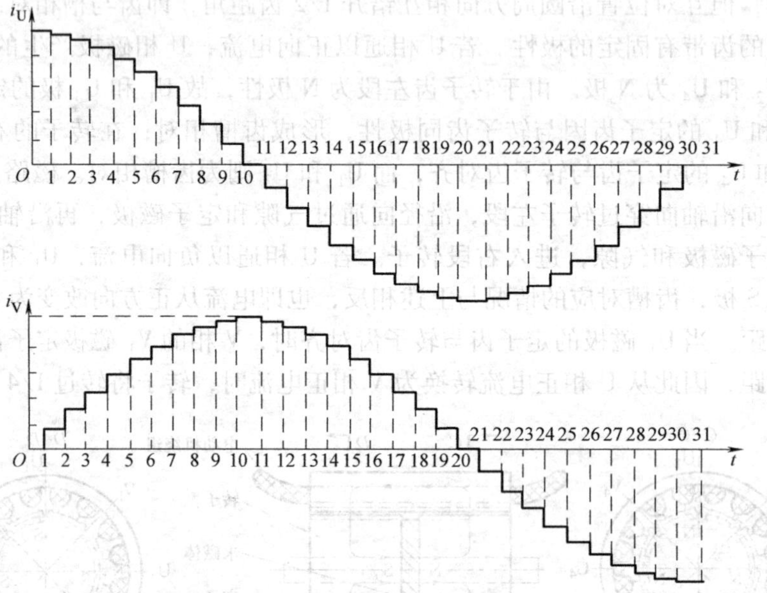

图 4-9 两相四十拍双极性励磁电流

流，则一个电流周期的循环拍数将为40，故步进电动机的步距角β将成为

$$\beta=\frac{360^\circ}{40\times 转子齿数}$$

称细分系数为10。

改变上述两相电流的采样点数，可以在一个驱动器上实现多种细分系数（每转步数）。

在三相、五相步进电动机中，定子磁极对数随之增加，相应地增加了通电循环的拍数，在一定的转子齿数下，可获得更小的步距角，其结构原理与两相步进电动机相似。

4.3.3 步进电动机的主要特性

1. 步距角和步距误差

转子每步转过的空间机械角度即为步距角，步进电动机每走一步，转子实际的角位移与设计的步距角之间都存在步距误差。连续走若干步时，上述误差形成累积值。转子转过一圈后，回至上一转的稳定位置，因此步进电动机的步距误差不会长期累积。步进电动机步距累积的误差，是指一转范围内步距误差累积的最大值，步距误差和累积误差通常用度（°）、分（′）或者步距角的百分比表示。影响步进电动机步距误差和累积误差的主要因素有：齿与磁极的分度精度、铁心叠压及装配精度、各相矩角特性之间的差别、气隙的不均匀程度等。

2. 静态矩角特性和最大静转矩特性

所谓静态，是指电动机不改变通电状态且转子不动时的工作状态。空载时，步进电动机某相通以直流电流，该相对应的定、转子齿对齐，这时转子无转矩输出。如果在电动机轴上加一顺时针方向的负载转矩，则步进电动机转子将按顺时针方向转过一个小角度 θ，称为失调角；这时，转子电磁转矩 T 与负载转矩相等。矩角特性是描述步进电动机静态时电磁转矩 T 与失调角 θ 之间的关系，也称为静转矩特性。通常用特性曲线表示，如图 4-10 所示。

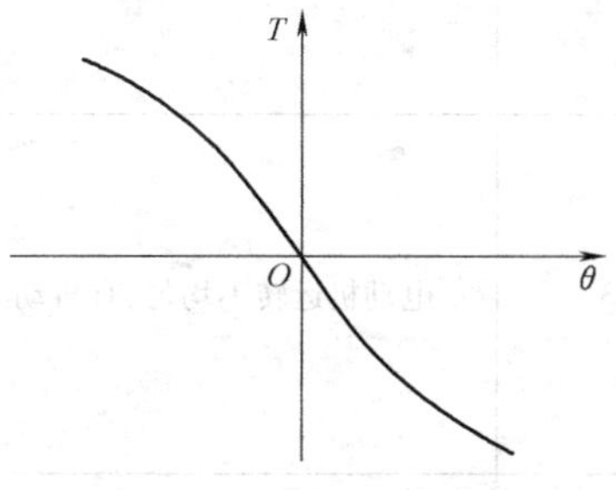

图 4-10　步进电动机的矩角特性曲线

3. 起动频率 f_q

空载时，步进电动机由静止突然起动，并进入不丢步的正常运行状态所允许的最高频率，称为起动频率或突跳频率。若起动时频率大于突跳频率，则步进电动机就不能正常起动。

4. 连续运行的最高工作频率 f_{max}

步进电动机连续运行时，它所能接受的，即保证不丢步运行的极限频率，称为最高工作频率。它是决定定子绕组通电状态最高变化频率的参数，决定了步进电动机的最高转速。

5. 步进电动机的矩频特性

步进电动机矩频特性是用来描述步进电动机连续稳定运行时，输出转矩与连续运行频率之间的关系。矩频特性曲线上每一频率所对应的转矩称为动态转矩。动态转矩除了与步进电动机的结构及材料有关外，还与步进电动机绕组的连接方式、驱动电路、驱动电压有密切的关系。图 4-11 所示是混合式步进电动机连续运行时的典型矩频特性曲线。

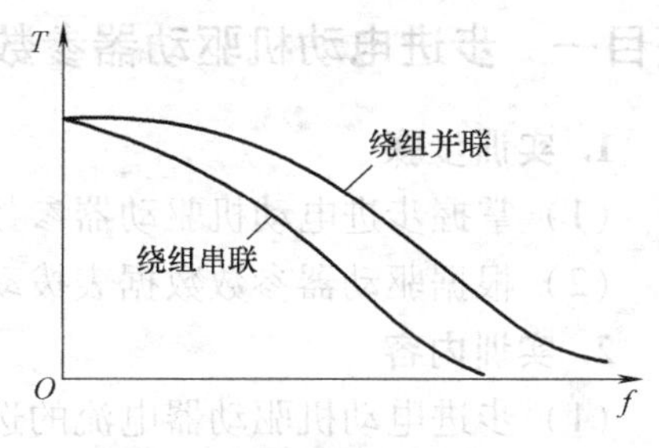

图 4-11　混合式步进电动机的矩频特性曲线

4.3.4　步进电动机控制系统的主要故障及诊断

步进电动机控制系统的主要故障及诊断见表 4-1。

表 4-1　步进电动机控制系统的主要故障及诊断

序　号	故障现象	主要原因
1	电动机不运转	驱动器无直流供电电压 驱动器熔丝熔断 驱动器报警(过电压、欠电压、过电流、过热) 驱动器与电动机连线断开 HNC—21TF 型数控系统轴参数设置不当 驱动器使用信号被封锁 接口信号线接触不良 指令脉冲太窄、频率过高、脉冲电平太低

（续）

序　号	故障现象	主要原因
2	电动机起动后堵转	指令脉冲频率太高 负载转矩太大 加速时间太短 负载惯量太大 直流电源电压降低
3	电动机运转不均匀、有抖动	指令脉冲不均匀 指令脉冲太窄 指令脉冲电平不正确 指令脉冲电平与驱动器不匹配 脉冲信号存在噪声 脉冲频率与机械发生共振
4	电动机无规律地正、反转运转	指令脉冲频率与电动机发生共振
5	电动机定位不准	加、减速时间太短 存在干扰噪声 系统屏蔽不良

4.4 实训步骤与内容

项目一　步进电动机驱动器参数的设置

1. 实训步骤

（1）掌握步进电动机驱动器参数含义、参数设置方法并进行参数设置演示。

（2）根据驱动器参数数据表拨动拨码开关进行参数设置。

2. 实训内容

（1）步进电动机驱动器电流的选择　步进电动机驱动器有多种规格的相电流以供选择，用来驱动不同功率的步进电动机。通过拨码开关 SW1、SW2、SW3 可以选择驱动器相电流的大小，表 4-2 是拨码开关在不同状态时对应的电动机相电流。

表 4-2　步进电动机驱动器相电流的选择

拨码开关 / 电动机相电流/A	SW1	SW2	SW3
1.3	1	1	1
1.6	0	1	1
1.9	1	0	1
2.2	0	0	1
2.5	1	1	0
2.9	0	1	0
3.2	1	0	0
3.5	0	0	0

（2）步进电动机驱动器半流功能的设定　步进电动机由于静止时的相电流很大，所以一般驱动器都提供半流功能，半流功能的作用是如果步进驱动器在一定时间内没有接受到脉冲，它就会自动将电动机的相电流减小为原来的一半，用来防止驱动器过热。

实训台所用的M535型驱动器也提供此功能，将拨码开关SW4拨至OFF，半流功能关；将拨码开关SW4拨至ON，半流功能开。

（3）步进电动机驱动器细分系数的设定　步进电动机驱动器的细分就是将脉冲拍数进行细分或将旋转磁场进行数字化处理。改变脉冲拍数或将旋转磁场细分，就是使电动机绕组电流的突然变化变为连续变化，改变电流波形，进行加减速控制，对各相电流进行一定点数的采样，按采样点数来给电动机绕组通相应的电流，各绕组共同形成一个合成磁场以驱动电动机，从而可使电动机运行更加稳定平滑，降低工作时的噪声。步进电动机驱动器细分系数的设定见表4-3。

表4-3　步进电动机驱动器细分系数的设定

拨码开关 细分系数	SW5	SW6	SW7	SW8
2	1	1	1	1
4	1	0	1	1
8	1	1	0	1
16	1	0	0	1
32	1	1	1	0
64	1	0	1	0
128	1	1	0	0
256	1	0	0	0

项目二　步进电动机绕组的连接

1. 实训步骤

（1）掌握两相步进驱动器控制四相步进电动机时电动机绕组的串、并联连接。

（2）进行电动机绕组的串、并联连接并使电动机运转，观察现象。

2. 实训内容

（1）进行电动机绕组的串、并联连接　实训台所用步进电动机为四相电动机，一般情况下四相步进电动机与两相步进电动机的绕组的连接方法是一样的。实训台所用的步进驱动器是两相驱动器，两相步进驱动器控制四相步进电动机时，可以将四相步进电动机的绕组两两并联或串联在一起，当做两相电动机使用。

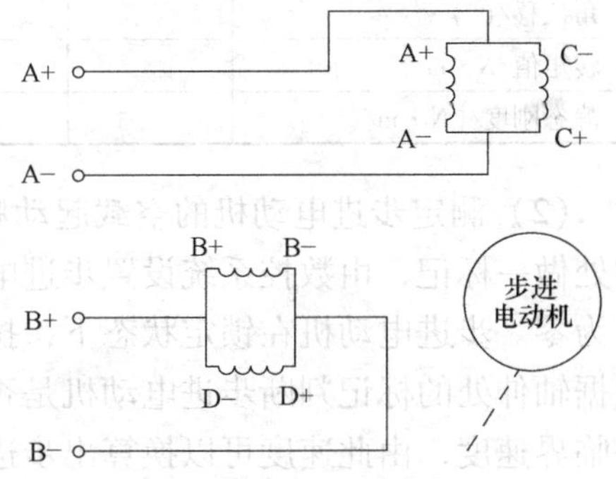

图4-12　步进电动机绕组并联连接

（2）电动机绕组的并联连接　如图4-12所示。

1）将电动机绕组端子A+、C−并在一起接到驱动器 A + 端子上。

2）将电动机绕组端子 A –、C + 并在一起接到驱动器 A – 端子上。

3）将电动机绕组端子 B +、D – 并在一起接到驱动器 B + 端子上。

4）将电动机绕组端子 B –、D + 并在一起接到驱动器 B – 端子上。

（3）电动机绕组的串联连接　根据数控综合实训台电气原理图提供的电动机绕组串联接法，连接时将电动机绕组端子 A + 接到驱动器 A + 端子上，将电动机绕组端子 A –、C – 串接在一起，将电动机绕组端子 C + 接到驱动器 A – 端子上；将电动机绕组端子 B + 接到驱动器 B + 端子上，将电动机绕组端子 B –、D – 串接在一起，将电动机绕组端子 D + 接到驱动器 B – 端子上。

在电路和电源检查无误后，通电试运行，用手动或手摇发送脉冲，控制电动机慢速正转或反转，在没有堵转等异常声音的情况下，逐渐加快电动机转速。

（4）注意事项　绕组并联后，应将步进电动机的电流设置为电动机相电流的 1.4 倍；绕组串联时，应将电动机的电流设置为额定电流的 0.7 倍，这样才不至于影响低频段的输出转矩。

项目三　步进电动机的特性测定

1. 实训步骤

（1）掌握步进电动机的主要特性及测定方法。

（2）完成相应特性的测定实验。

2. 实训内容

（1）测定步进电动机的静转矩特性　步进电动机处于锁定状态（即不发送脉冲给驱动器）时，用测力扳手或悬挂砝码给步进电动机施以外加转矩 T，并读取对应的转子轴偏转角 θ（根据记录的工件实际坐标值换算），记录一组转矩 T 和偏转角 θ 的数据，直至最大转矩点。根据下式，计算步进电动机的静态刚度 K。

$$K=\frac{\mathrm{d}T}{\mathrm{d}\theta}=\frac{\Delta T}{\Delta\theta}\left(\frac{\mathrm{N}\cdot\mathrm{m}}{(°)}\right)$$

注意：由于在锁定状态时，驱动器电流自动减半，因此实际静态刚度还可能增大一倍。将记录和计算的数据填入表 4-4 中。

表 4-4　步进电动机的静转矩特性

坐标值/mm							
角位移/(°)							
转矩值/N · m							
静态刚度/[N · m/(°)]							

（2）测定步进电动机的空载起动频率　步进电动机处于空载状态时，在步进电动机轴伸处做一标记，由数控系统设置步进电动机整数转的位移和速度，且将加、减速时间常数设置为零。步进电动机在锁定状态下，执行运转命令。当步进电动机突然起动并突然停止后，根据轴伸处的标记判断步进电动机是否失步。若起动成功，则提高速度参数再测试，直至某一临界速度，由此速度可以换算出步进电动机的空载起动频率。

（3）测定步进电动机的运行矩频特性

1）将步进电动机与磁粉制动器用联轴器相连接。由数控系统设置步进电动机的速度（即为步进电动机的运行频率），且将加、减速时间常数设置为1s以上。

2）步进电动机在锁定状态下，执行起动命令，电动机将加速至给定转速。待速度稳定后，调节磁粉制动器的励磁电流，逐渐加大负载，直至步进电动机失步停转，记录该励磁电流值。

3）增加步进电动机的速度给定值，重复上述步骤，记录新转速下使步进电动机失步的励磁电流值。

4）由磁粉制动器的特性曲线可获取相对应的励磁电流的制动转矩值，由速度指令可换算出频率值，然后即可绘出步进电动机的运行矩频特性。将记录数据填入表4-5中。

表4-5　步进电动机的运行矩频特性

运行频率/Hz						
负载转矩/N·m						

项目四　步进驱动器故障的设置

1. 实训步骤

（1）掌握实训台步进驱动系统的组成、各接口功能及电气控制的连接。

（2）设置相应的故障并观察故障现象、分析其原因。

（3）画出数控系统综合实训台步进驱动系统的电气控制连接图。

2. 实训内容

按照表4-6的内容进行相应故障的设置，记录故障现象，分析其原因。

表4-6　步进驱动器故障的设置

序　号	故障设置方法	故障现象
1	将步进电动机驱动器的电源线A+与A-互换，进入系统，手动运行X轴	
2	将步进电动机驱动器的电流值调到最小，运行X轴	
3	将X轴的指令线中的CP+、CP-互换，运行X轴	
4	将X轴的指令线中的DIR+、DIR-互换，运行X轴	
5	将X轴的指令线中的DIR+、DIR-任意取消一根，运行X轴	
6	只将绕组A、B与步进驱动器连接，将C、D两绕组与驱动器断开，运行X轴	
7	只将绕组A、C与步进驱动器连接，将B、D两绕组与驱动器断开，运行X轴	

4.5　实训报告与思考

1. 描述步进电动机的运行原理，绘制开环控制框图。
2. 绘制步进电动机驱动系统的电气连接图。
3. 描述驱动器参数设置和调试的基本方法。
4. 分析步进驱动系统的简单故障现象和原因。
5. 若步进坐标轴（实训台的X轴）出现丢步现象，则可能是由于哪些因素造成的？
6. 若要用两相步进驱动器驱动四相步进电动机，则电动机绕组应该怎样连接？

学习领域5 交流伺服系统的调试及使用

5.1 实训目的与要求

（1）熟悉交流伺服系统的构成、原理以及伺服电动机、驱动器、数控系统的连接。

（2）掌握交流伺服电动机及驱动器的控制特性。

（3）了解交流伺服系统的动态特性及其参数的调整方法。

（4）了解交流伺服系统的简单故障现象和原因。

5.2 实训仪器与设备

（1）数控系统综合实训台一套。

（2）1.5mm、2mm 一字螺钉旋具各一把。

5.3 相关知识概述

5.3.1 交流伺服电动机的分类及工作原理

1. 交流伺服电动机的分类

根据电动机运行原理的不同，交流伺服电动机可分为感应式（或称异步式）、永磁同步式、永磁无刷直流式及磁阻同步式交流伺服电动机。这些电动机具有相同的三相定子绕组结构。

（1）感应式交流伺服电动机的转子电流由滑差电动势产生，与磁场相互作用产生转矩，其主要优点是：无刷、结构坚固、造价低、免维护、对环境要求低且其主磁由励磁电流产生，很容易实现弱磁控制，最高转速可以达到4~5倍的额定转速。感应式交流伺服电动机的缺点是：需要励磁电流、内功率因数低、效率较低、转子散热困难、要求较大容量的伺服驱动器，电动机的电磁关系复杂，要实现电动机的磁通与转矩的控制比较困难，电动机非线性参数的变化影响控制精度，必须进行参数在线辨识才能达到较好的控制效果。

（2）永磁式同步交流伺服电动机的气隙磁场由稀土永磁体产生，其转矩控制由调节电枢的电流实现，转矩的控制较感应电动机简单，并且能达到较高的控制精度，转子无铜、铁损耗，效率高，内功率因数高，具有无刷免维护的特点，体积和惯量小，快速性好，在控制上需要轴位置传感器，以便识别气隙磁场的位置，价格较感应电动机贵。

（3）永磁式无刷直流伺服电动机的结构与永磁式同步交流伺服电动机的相同，可用较简单的位置传感器（如霍尔磁敏开关）的信号控制电枢绕组的换向，因而控制最为简单。

由于每个绕组的换向都需要一套功率开关电路，其电枢绕组的数目只采用三相，相当于只有三个换向片的直流电动机，因此运行时电动机的脉动转矩大，易造成速度的脉动。需要采用速度闭环控制才能使电动机实现低转速平稳运行。这种电动机的气隙磁通为方波形分布，可降低电动机的制造成本。要注意区分无刷直流伺服系统与同步交流伺服系统，尽管这两种电动机从外表上很难辨别，但实际上两者的控制性能是有较大差别的。

（4）磁阻式同步交流伺服电动机的转子磁路具有不对称的磁阻特性，无永磁体或绕组，不产生损耗，其气隙磁场由定子电流的励磁分量产生，而定子电流的转矩分量则产生电磁转矩，内功率因数较低，要求较大容量的伺服驱动器，具有无刷、免维护的特点，克服了永磁式同步交流伺服电动机弱磁控制效果差的缺点，可实现弱磁控制，速度控制范围可达0.1～10000r/min，具有永磁式同步交流伺服电动机控制简单的优点，但需要轴位置传感器。价格较永磁式同步交流伺服电动机便宜，但体积大些。

目前应用较为广泛的交流伺服电动机是以永磁式同步交流伺服电动机为主，永磁式无刷直流伺服电动机为辅。下面只介绍永磁式同步交流伺服电动机的工作原理。

2. 永磁式同步交流伺服电动机的工作原理

永磁式同步交流伺服电动机的定子绕组有三相，由三相电流产生定子合成旋转磁场 F_S，其幅值不变，空间的相位角与电流某时刻的相位角有关，电动机的转子由稀土永磁材料制成，产生转子磁场 F_R，F_S 和 F_R 相互作用产生电磁转矩 T，其方向趋于使 F_S 和 F_R 重合，该转矩正比于 $F_S F_R \sin\theta_{SR}$ 的乘积，如图5-1所示。若 $\theta_{SR}=90°$，则转矩正比于 $F_S F_R$ 的乘积。

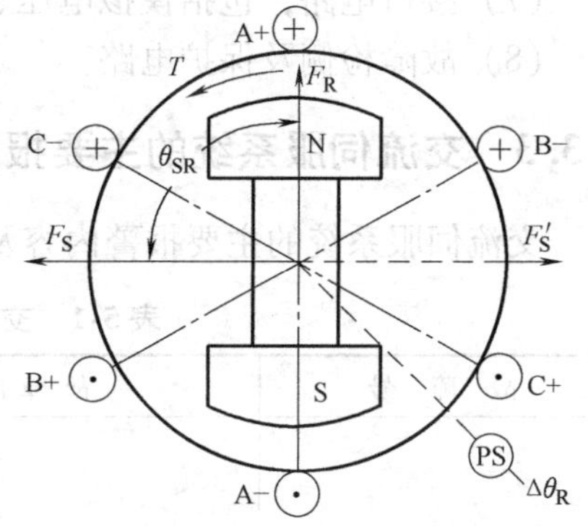

图5-1　永磁式同步交流伺服电动机结构原理图

在电磁转矩的作用下，转子逆时针方向转动，由驱动控制器读取转子位置传感器PS给出的转子磁场 F_R 的移动量 $\Delta\theta_R$，用以控制定子绕组三相电流的相位，使其合成磁场 F_S 沿转子旋转方向也移动相同的角度（$\Delta\theta_R=\Delta\theta_S$），保持 θ_{SR} 不变，实现 T 不变。

电磁转矩 T 的大小则通过控制三相电流的幅值 I_m 来实现，即控制 F_S 的大小。当需要转子反向旋转时，只要改变三相电流的方向，使其合成磁场 F_S 改变180°，成为 F_S'，从而产生顺时针方向的转矩。上述这种控制方式称为磁场定向控制或矢量控制，这时永磁式同步交流伺服电动机运行于同步状态。

5.3.2　交流伺服系统的组成

交流伺服系统主要由下列几个部分组成，如图5-2所示。

（1）交流伺服电动机　交流伺服电动机可分为永磁式同步交流伺服电动机，永磁式无刷直流伺服电动机、感应式交流伺服电动机及磁阻式交流伺服电动机。

（2）PWM功率逆变器　PWM功率逆变器可分为功率晶体管逆变器、功率场效应管逆变器、IGBT逆变器（包括智能型IGBT逆变器模块）等。

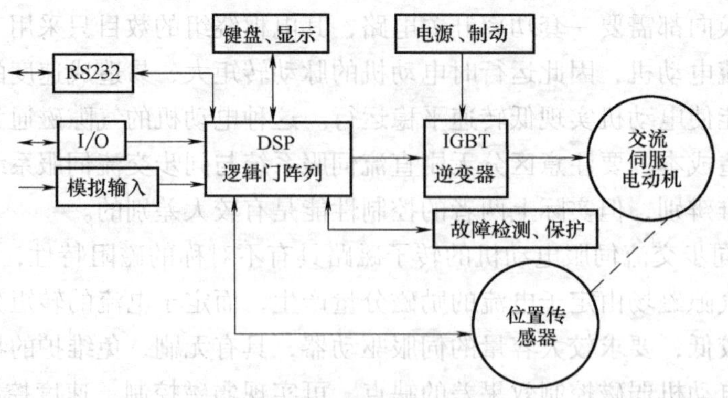

图 5-2 交流伺服系统的组成

(3) 微处理器控制器及逻辑门阵列　微处理器及逻辑门阵列可分为单片机、DSP 数字信号处理器、DSP + CPU、多功能 DSP 等。

(4) 位置传感器（含速度）　位置传感器可分为旋转变压器、磁性编码器、光电编码器等。

(5) 电源及能耗制动电路。

(6) 键盘及显示电路。

(7) 接口电路，包括模拟电压、数字 I/O 及 RS232 串口通信电路。

(8) 故障检侧及保护电路。

5.3.3 交流伺服系统的主要报警内容

交流伺服系统的主要报警内容及原因见表 5-1。

表 5-1 交流伺服系统的主要报警内容及原因

故障号	故障内容	故障原因
21h	过电流	电动机接线短路或有一相接地 驱动器与电动机接线短路 PC 板错误或电源模块错误 电动机与驱动器不匹配 检测电源模块错误
41h	过载	有效转矩超额定负载时间过长 电动机接线错误 机械干扰 电动机轴被堵转 伺服电动机编码器故障
51h	控制器过热	伺服控制器内部电路故障 再生功率太大 控制器内的风扇停止工作
61h	过电压	输入交流电压过高 负载惯性太大 驱动器内部故障 再生放电电路故障

（续）

故障号	故障内容	故障原因
62h	欠电压	输入交流电压过低 主电路整流器损坏 输入电压下降或出现瞬时断路 伺服ON信号提前有效 驱动器内部故障
63h	缺相	输入强电电源中的三相缺少一相 控制器内置电路错误 伺服控制器未指定为单相
81h 83h 85h 91h	编码器出错	编码器电缆不合格或者接头松动 无A或B相脉冲 噪声干扰 接地、屏蔽不良 控制器控制电路错误
D1h	定位偏差太大	指令脉冲频率太高或加减速时间太短 负载惯性太大或电动机容量太小 转矩限制太低 参数错误如:位置增益太小 控制器控制电路错误

5.3.4　交流伺服系统的主要故障及诊断

交流伺服系统的主要故障及诊断见表5-2。

表5-2　交流伺服系统的主要故障及诊断

故障号	故障内容	故障原因
1	电动机不转	控制模式选择不当 信号源选择不当 转矩限制禁止设定不当 转矩限制被设置成0 没有伺服ON信号 指令脉冲禁止有效 轴承锁死 限位开关开路,驱动禁止
2	转速不均匀或转速低于指令值	增益时间常数选择不当 速度或位置指令不稳定 伺服ON、转矩限制、指令脉冲禁止信号有抖动 速度指令包含噪声 信号线接触不良
3	定位精度不准	指令脉冲波形不好,变形或太窄 指令脉冲上有噪声干扰 位置环增益太小 指令脉冲频率过高 伺服ON、转矩限制、指令脉冲禁止信号有抖动 Z相脉冲丢失
4	初始位置变动	回归速度太高 原点接近开关输出抖动 编码器信号有噪声

（续）

故障号	故障内容	故障原因
5	电动机异常响声或振动	速度指令包含噪声 增益太高 机械共振 电动机的机械故障
6	电动机过热	增益不当 驱动器与电动机配合不当 电动机轴承故障 驱动器故障
7	电动机“爬行”	电动机没有可靠接地 伺服驱动器增益参数设置不当 负载过重 坐标轴参数设置不当
8	接通伺服驱动器动力电源，即出现报警信号	伺服电动机强电电缆相序错 位置反馈电缆接错

5.4 实训步骤与内容

项目一 伺服驱动器的调节

1. 实训步骤

（1）掌握伺服驱动器参数的设置及调节方法。

（2）进行伺服驱动器参数的设置、调节，观察 Z 轴及伺服电动机运行状态。

2. 实训内容

通过修改伺服驱动器的通用参数，改变驱动器的运动性能。注意：在做此参数调节时，如果发生 Z 轴啸叫、抖动或其他不良情况，务必将急停按钮拍下或将伺服电动机强电断路，然后将参数恢复，以防损坏设备。

（1）实训台所用的伺服驱动器的操作面板有 5 个按键，其功能见表 5-3。

表 5-3 伺服驱动器按键的功能

键名	标志	输入时间	功能
确认键	WR	1s 以上	确认选择和写入后的编辑数据
光标键	▼	1s 以内	选择光标位
上键	▲	1s 以内	在正确的光标位置按键改变数据，当按下 1s 或更长时间，数据上下移动
下键	▼	1s 以内	
模式键	MODE	1s 以内	选择显示模式

（2）设置位置比例增益 PA000。

1）设定位置环调节器的比例增益。

2）若设置值越大、增益越高、刚度越大，则相同频率指令脉冲条件下位置滞后量越小，但数值太大可能会引起振荡或超调。

3）数值由具体的伺服系统型号和负载情况确定。

按表5-4对驱动器的位置比例增益进行设置，让系统以一个固定的频率给驱动器发送脉冲，即让Z轴以一个固定的速度运行，选择系统跟踪误差显示模式，记录运行稳定时的跟踪误差值，观察Z轴运行状态。

表5-4　驱动器的位置比例增益的设置

位置比例增益值	5	20	30	500	1000	1200
系统跟踪误差值						
Z轴运行状态						

（3）设置速度比例增益PA002。

1）设定速度环调节器的比例增益。

2）设置值越大，增益越高，则刚度越大。数值由具体的伺服系统型号和负载情况确定。一般情况下，负载惯量越大，设定值越大。

3）在系统不产生振荡的条件下，尽量设置较大的值。

按表5-5对驱动器的速度比例增益进行设置，让系统以一个固定的频率给驱动器发送脉冲，即让Z轴以一个固定的速度运行，选择系统跟踪误差显示模式，记录运行稳定时的跟踪误差值，观察Z轴运行状态。

表5-5　驱动器的速度比例增益的设置

速度比例增益值	5	20	30	500	1000	1200
系统跟踪误差值						
Z轴运行状态						

（4）设置速度积分时间常数PA003。

1）设定速度环调节器的积分时间常数。

2）设置值越小，积分速度越快。数值由具体的伺服系统型号和负载情况确定。一般情况下，负载惯量越大，设定值越大。

3）在系统不产生振荡的条件下，尽量设置较小的值。

按表5-6对驱动器的速度积分时间常数进行设置，让系统以一个固定的频率给驱动器发送脉冲，即让Z轴以一个固定的速度运行，选择系统跟踪误差显示模式，记录运行稳定时的跟踪误差值，观察Z轴运行状态。

表5-6　驱动器的速度积分时间常数的设置

速度积分时间常数	800	400	20	6	1
系统跟踪误差值					
Z轴运行状态					

（5）根据表5-7对伺服驱动器进行调试，把观察到的工作台、伺服电动机及系统的状态记录下来。

表 5-7 伺服驱动器的调试

位置比例增益值	5	15	30	150	600	1200	1500
速度比例增益值	5	20	50	104	300	400	800
速度积分时间常数	1000	500	20	12	7	5	1
系统跟踪误差值							
Z 轴运行状态							
伺服电动机运行状态							

项目二 交流驱动器故障的设置

1. 实训步骤

（1）掌握实训台交流伺服系统的组成、各接口功能、电气控制的连接。

（2）设置相应故障，观察故障现象、分析其原因。

（3）画出实训台的交流伺服系统的电气控制连接图。

2. 实训内容

按照表 5-8 进行相应故障的设置。

表 5-8 交流驱动器故障的设置

序　号	故障设置方法	故 障 现 象
1	将伺服驱动器的控制电源中的 24V 断开，运行 Z 轴	
2	将系统的输出信号 Y17 断开，运行 Z 轴	
3	将伺服驱动器的码盘线人为松动或断开	
4	将系统参数的硬件配置参数中的部件 2 的配置 0 由 50 更改为 2，运行 Z 轴	
5	将系统参数的硬件配置参数中的部件 2 的配置 0 由 50 更改为 34，伺服参数 PA400 设为 20H，运行 Z 轴	
6	将系统参数的 Z 坐标轴的部分参数改变，如脉冲当量分子、分母，伺服驱动器型号，定位误差和跟踪误差等，运行 Z 轴	

项目三 全闭环数控系统的实现

1. 实训步骤

（1）了解全闭环数控系统的工作原理、基本连接和实现方法、步骤。

（2）按步骤实现全闭环控制功能。

（3）画出全闭环控制框图。

2. 实训内容

（1）参数设置

1）设置驱动参数　利用模式键 MODE，选择系统参数 ru08，更改控制类型为速度控制，即把原来的“02H”更改为“01H”。

注意：伺服驱动器的参数更改完成后，不要打开急停按钮，以免造成飞车现象。

2）设置世纪星数控系统参数　参数设置见表 5-9、表 5-10。

表 5-9　Z 轴参数的设置（2 号轴）

参数名称	数　值	备　注
伺服驱动器型号	41	此处只能为 41
电动机每转脉冲数	2000	电动机转动一圈对应的输出脉冲当量数
伺服内部参数 0	32000	速度给定最大 D/A 值
伺服内部参数 1	100	零速对应速度给定 D/A 值
伺服内部参数 2	400	电动机允许最高转速
伺服内部参数 3	8	位置环延时时间常数(ms)
伺服内部参数 4	20	零漂补偿时间(ms)
伺服内部参数 5	0	不使用

表 5-10　硬件配置参数的设置（部件 2）

型　号	5301
标　识	41 或 42(修调极性)
地　址	0
配置 1	50
配置 2	0

（2）运行测试程序，对模拟量清零　修改完参数以后，不要打开急停按钮，把控制伺服驱动器的模拟指令进行清零。

1）取消系统位置环　用 Alt + X 退回到 DOS 命令提示符，在系统文件的根目录下用“EDIT”编辑系统配置文件 ncbios. cfg，把位置环驱动程序“sv _ wzh. drv”用“;”或“REM”屏蔽掉。

2）运行底层软件　进入 TESTWZH 文件夹以后，运行 ncbios。

3）清除模拟指令电压　运行下列文件：testwzh　2　0　2000，其中“testwzh”是一个可执行文件；“2”表示为 2 号轴；“0”表示为 D/A 数字量；“2000”表示伺服电动机的每转脉冲数。

4）恢复系统中的 ncbios. cfg　在系统文件的根目录下，取消“;”或“REM”，把位置环驱动程序“sv_ wzh. drv”重新加载。

5）测试运行　完成上面的步骤以后，进入系统，缓慢打开急停按钮，注意机床状态，如果出现飞车或其他现象，立即按下急停按钮。如果一切正常，手动运行 Z 轴，观察是否正常。

（3）系统控制

1）解决零漂。如果系统上电后，在没有发出任何指令的情况下，Z 轴有很缓慢的移动，则原因可能是模拟量的初始电压不为零，这时可以修调世纪星数控系统电路板上 Z 轴对应的电位器来调节模拟量的初始电压，解决零漂现象。

2）修调电子齿轮比。

3）在 MDI 方式下，控制 Z 轴移动一小段距离（如 1mm），观察坐标轴的指令值与反馈值是否相同。

（4）回零的实现

1）由于光栅尺的零点在光栅尺的中间位置，减速开关安装在 Z 轴正方向的末端，所以 Z 轴在回零时，如果工作台处在 Z 轴正半轴的位置，会找不到零点或超程。

2）可以利用实验台上的“乒乓”开关，在系统回零时人为给系统提供减速信号及定位信号，让系统能够正确回零。

3）设置好“乒乓”开关后，以不同方式回零，观察机床的动作及运行状态。

（5）编制一段程序，在全闭环状态下自动运行　编制一段程序，使其在全闭环状态下自动运行，观察机床的动作及运行状态。

5.5 实训报告与思考

1. 说明伺服驱动器各接口的功能，画出半闭环控制系统的框图。
2. 绘制交流伺服系统的电气控制连接图。
3. 描述永磁式同步交流伺服电动机的工作原理。
4. 分析交流伺服驱动器故障设置中出现问题的原因。

学习领域6　主轴单元的调试及使用

6.1　实训目的与要求

（1）了解数控机床主轴单元的结构、基本连接、传动和电气控制原理。

（2）了解变频器的控制及应用基础。

（3）熟悉主轴单元常见的故障类型、故障产生的原因、故障分析和故障检测排除的方法。

6.2　实训仪器与设备

（1）数控系统综合实训台一套。

（2）万用表一块，专用工具一套。

6.3　相关知识概述

6.3.1　数控机床主轴控制系统简介

主轴驱动系统是在数控机床主轴控制系统中完成主运动的动力装置，它带动工件或刀具作相应的旋转运动，从而配合进给运动，加工出理想的零件。

1. 主轴驱动变速

主轴驱动变速目前主要有三种形式。

（1）主轴电动机齿轮换挡　主轴电动机齿轮换挡的目的在于降低主轴转速，增大传动比，放大主轴功率以适应切削的需要。

（2）主轴变频电动机通过同步齿形带驱动主轴　该类主轴电动机又称宽域电动机或强切削电动机，具有恒功率宽的特点。由于不需机械变速，因而主轴箱内没有齿轮和离合器等部件，主轴箱实际上成为主轴支架，简化了主传动系统，从而提高了传动链的可靠性。

（3）电主轴

2. 对主传动系统的要求

（1）调速范围宽　为保证加工时选用合适的切削用量，以获得最佳的生产率、加工精度和表面质量，特别是对于具有自动换刀功能的数控加工中心，为适应各种刀具、工序和材料的加工要求，对其主轴的调速范围提出了更高的要求，即要求主轴能在较宽的转速范围内根据数控系统的指令自动实现无级调速，并减少中间传动环节。

（2）恒功率输出范围要宽　要求主轴在调速范围内均能提供所需的切削功率，并尽可能在调速范围内提供主轴电动机的最大功率。由于主轴电动机与驱动装置的限制，主轴在低速段均为恒转矩输出。为满足数控机床低速、强力切削的需要，常采用分段无级变速的方法（即在低速段采用机械减速装置），以提高输出转矩。

（3）具有四象限驱动能力　要求主轴在正、反向转动时均可进行自动加、减速控制，并且加、减速时间要短。目前一般伺服主轴可以在1s内从静止加速到6000r/min。

（4）具有位置控制能力　即具有进给功能（C轴功能）和定向功能（准停功能），以满足加工中心自动换刀、刚性攻螺纹、切削螺纹以及车削中心的某些加工工艺的需要。

3. 主轴调速的意义

（1）提高产品质量。

（2）提高工作效率。

（3）节约能源。

4. 主轴调速的主要指标

（1）调速范围 a

$$a = N_{\max}/N_{\min} \tag{6-1}$$

式中　$N_{\max}$——主轴最高转速（r/min）；

$N_{\min}$——主轴最低转速（r/min）。

（2）调速的平滑性　一般的变频调速系统应该小于或等于0.3r/min。

（3）调速后的工作特性　对大多数负载，工作特性越硬越好；特性越硬，负载变化时速度变化越少。特殊情况：电车、电梯要求特性较软。

6.3.2　变频器的基本原理及连接

异步电动机的转速为

$$n = (1-S)n_1 = (1-S)60f_1/p \tag{6-2}$$

式中　n——异步电动机转速（r/min）；

n_1——同步转速（r/min）；

f_1——定子供电电源频率（Hz）；

S——异步电动机转差率；

p——磁极对数。

从上式可以看出，调速方式可以改变转差率 S、变更磁极对数 p、变化供电频率 f_1。但只有变化 f_1 才能获得线性好的无级变速。简单地说，变频器就是通过改变电动机绕组电源频率的方法控制电动机的转速。

本实验台变频主轴采用日立SJ100—007HFE型变频器，外观如图6-1所示。变频器采用正弦波脉宽调制（PWM）控制，额定容量为1.9kVA，额定输入电压为三相交流380V，额定输出电流为2.5A，输出频率范围为1～360Hz，适用电动机容量为0.75kW。图6-2所示为主轴变频器与电动机及控制器的连接图，图6-3所示为带速度反馈的主轴变频器与电动机及控制器的连接图。

图 6-1　日立 SJ100—007HFE 型变频器的外观和面板

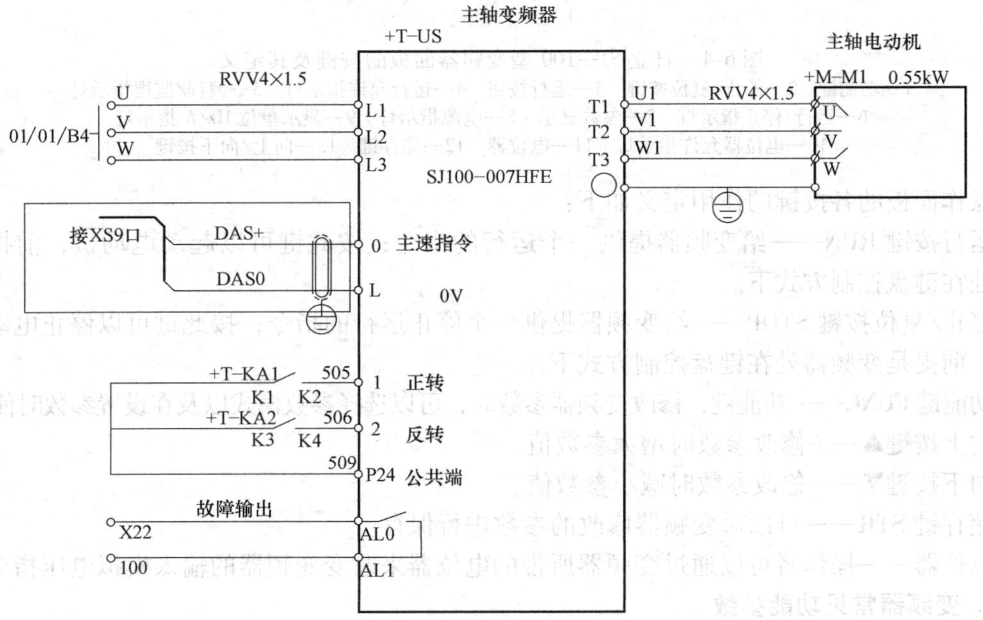

图 6-2　主轴变频器与电动机及控制器的连接图

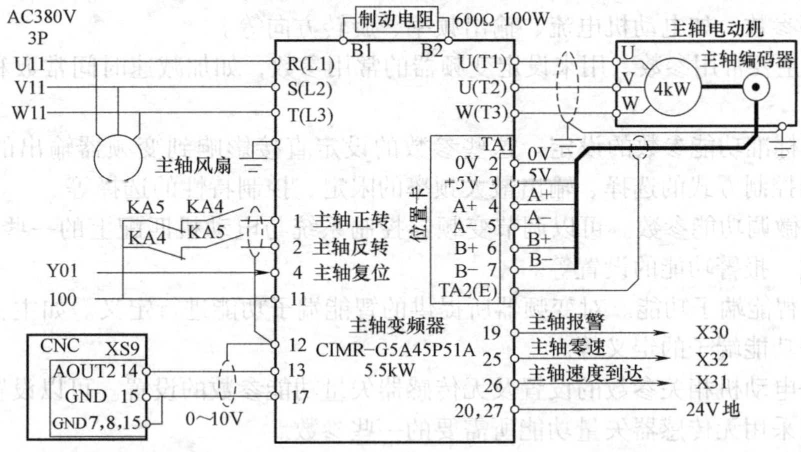

图 6-3　带速度反馈的主轴变频器与电动机及控制器的连接图

6.3.3 变频器面板按键的定义及功能参数

1. 变频器面板的按键定义

图 6-4 所示为日立 SJ—100 型变频器面板的按键及其定义。

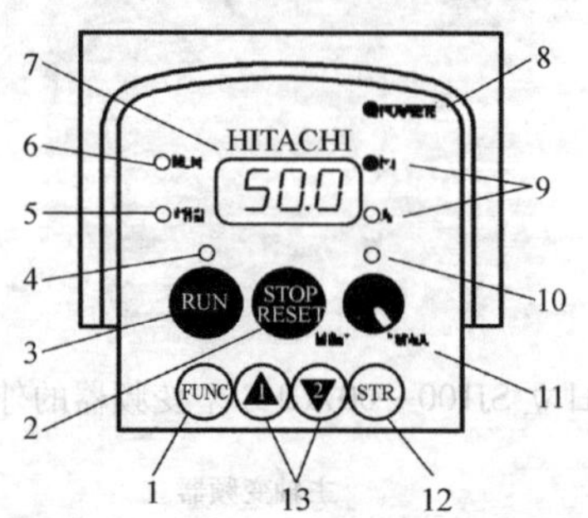

图 6-4 日立 SJ—100 型变频器面板的按键及其定义

1—功能键 2—停止/复位按键 3—运行按钮 4—运行允许指示灯 5—编程/监视指示灯 6—运行/停止指示灯 7—参数显示 8—电源指示灯 9—显示单位 Hz/A 指示灯 10—电位器允许指示灯 11—电位器 12—储存键 13—向上/向下按键

操作面板的各按键的作用定义如下：

运行按键 RUN——给变频器提供一个运行的指令；按此键可以起动电动机，前提是变频器处在键盘控制方式下。

停止/复位按键 STOP——给变频器提供一个停止运行的指令；按此键可以停止电动机的运转，前提是变频器处在键盘控制方式下。

功能键 FUNC——功能键，修改变频器参数时，可以选择参数模式以及在设置参数时使用。

向上按键▲——修改参数时增大参数值。

向下按键▼——修改参数时减小参数值。

储存键 STR——可以对变频器修改的参数进行保存。

电位器——操作者可以通过变频器所带的电位器来改变变频器的输入模拟电压指令。

2. 变频器常见功能参数

日立 SJ—100 型变频器的功能参数主要分为以下几组。

D 组——监视功能参数。无论变频器处在运行或是停止状态，都可以使用本组参数来获取系统的重要参数，如电动机电流、输出频率、旋转方向等。

F 组——主要常用参数。用来设定变频器的常用参数，如加减速时间常数和电动机的输出频率等。

A 组——标准功能参数的设定。这些参数的设定直接影响到变频器输出的最基本的特性。如变频器控制方式的选择、输出最大频率的限定、控制特性的选择等。

B 组——微调功能参数。可以调节变频器控制系统与电动机匹配上的一些细微的功能。如重起的方式、报警功能的设置等。

C 组——智能端子功能。对变频器所提供的智能端子功能进行定义。如主轴正反转、多段速度选择等功能端子的定义等。

H 组——电动机相关参数的设置及无传感器矢量功能参数的设置。可以设置电动机的一些特征参数及采用无传感器矢量功能所需要的一些参数。

变频器常见功能参数见表 6-1。

表6-1　变频器常见功能参数

参数名	代码	参数说明	数值
频率来源的设定	A01	指定变频器的频率来源	01、00、02
运行指令来源的设定	A02	变频器输出频率时的指令来源，通过此参数，可以选择变频器起动和停止的指令来源，一般有两种情况，一种是外部的指令来源，即可以通过多功能输入端子控制变频器的起动和停止，另一种是通过变频器的操作面板来控制变频器的起动和停止	01、02
基频的设定	A03	设置电动机的运行基频	50、60
最大频率的设定	A04	允许变频器输出的最大频率	50
转矩提升模式的选择	A41	选择变频器的转矩提升模式	00
矢量控制的选择	A44	选择变频器的控制方式	0
输出频率上下限的设置	A61/A62	变频器输出频率的上、下限幅值	0.0/0.0
跳频的设置	A63 A65 A67	变频器在运转时有时会出现共振现象，可以通过参数设置直接跳过引起共振的频率段，变频器在起动或运转时就可以直接跳过所设置的频率	0.0 0.0 0.0
跳频宽度的设置	A64 A66 A68	设置跳频时的频带宽度，此参数值可以设定跳频时的上下频率范围，与跳频设置有相对应的关系，比如将A63设置为20Hz，将A64设置为5Hz，则变频器在15～25Hz时跳跃	0.5 0.5 0.5
电动机电压等级的选择	A82	选择电动机的额定电压，要根据电动机的额定电压进行设置，另外此项参数的选择还具有稳压的功能，可以在变频器电源电压出现较大波动时，保持输出电压不变	200～460
节能控制	无	可改善电动机和变频器的效率	
加减速模式的选择	A97 A98	加减速曲线的选择	00 01
输出频率显示	D01	选择此参数后可以实时显示变频器向电动机输出的频率，空载时可以通过此参数换算出电动机的运行转速	0～360
输出电流的监视	D02	显示变频器向电动机输出的电流，一般情况下，电动机在运行时电流的波动范围较大，显示的数值是经过滤波以后的电流值	A
旋转方向的监视	D03	显示电动机的旋转方向	F　r
输出频率的设定	F01	当采用变频器内部控制方式时，可以设定一个恒定的输出频率，让电动机以恒定的转速运转	0～360
斜坡上升/下降时间（加减速时间）	F02 F03	加速时间就是输出频率从0上升到最大频率所需时间，减速时间是指从最大频率下降到0所需时间	0.5 600
电动机转向的设定	F04	改变电动机的旋转方向	00　01
电动机容量的选择	H03	选择所驱动电动机的容量，根据电动机的实际功率选择，一般在选择与电动机相匹配的变频器时，变频器的功率要大于电动机的功率一个等级，但在设置此参数时要和电动机的功率保持一致	kW
电动机的磁极对数	H04	设置电动机的磁极对数	2,4,6
电子热过载保护	B12	对电动机进行过热保护	50%～120%
偏置频率		当频率由外部模拟信号（电压或电流）设定时，可用此功能调整频率设定信号最低时的输出频率	
数字操作器显示的内容	B89	选择数字操作器的显示内容，例如：输出频率，电动机电流，电动机转向，输入输出端子的状态等	01～07
载波频率的设定	B83	设定变频器的载波频率	0.5～16

3. 变频器的工作频率

（1）给定频率 给定频率是与给定信号对应的频率，给定信号不变，给定频率也不变。

（2）输出频率 输出频率是变频器实际输出的频率。

6.3.4 变频器主要报警装置及其故障诊断

为了保证驱动器安全、可靠地运行，针对主轴伺服系统出现故障和异常等情况，设置了较多的保护功能，这些保护功能与主轴驱动器的故障检测与维修密切相关。当驱动器出现故障时，可以根据保护功能的情况，分析故障原因。

1. 通用变频器常见故障及保护

通用变频器（SJ—100 型）常见报警及故障诊断见表 6-2。

表 6-2 通用变频器（SJ—100 型）常见报警及故障诊断

故障现象		故障诊断
报警号	内容	引起故障可能的原因
E01 E02 E03 E04	过电流	电动机的功率(H03)与变频器的功率不匹配,电动机功率大于变频器功率 电动机的导线短路 电动机轴被锁定或负载太重
E07	过电压	在直流母线电压超过阈值时发生 减速过程太快,再生制动引起过电压 负载惯量太大,制动时引起过电压
E09	欠电压	供电电源电压太低 供电电源有短路时失电或瞬时电压跌落
E21	变频器过热	冷却风机运行不正常 环境温度过高 变频器过载
E14	接地故障	在加电测试时若检测到变频器输出与电动机之间发生接地故障,则变频器被保护。该故障现象可保护变频器,但不能保证人身安全
E10	CT 故障	当某一强电源干扰与变频器距离过近或在内部 CT(电流互感器)发生异常操作时,变频器跳闸并关闭输出
E12	外部跳闸	与 E10 类似,当有一个信号加在智能输入端子上时,变频器跳闸并关闭输出

2. 主轴单元常见故障

（1） 主轴电动机不转 主轴电动机不转主要有以下原因。

1）CNC 系统设有速度控制信号输出。

2） 主轴驱动装置故障。

3） 主轴电动机故障。

4） 变频器输出端子 U、V、W 不能提供电源。造成此种情况可能有以下原因：①报警；②频率指定源和运行指定源的参数设置不正确；③智能输入端子的输入信号不正确。

（2） 电动机反转 造成电动机反转的主要原因如下。

1） 输出端子 U/T1，V/T2 和 W/T3 的连接错误（使电动机的相序与端子连接相对应，通常来说：正转（FWD）= U - V - W，反转（REV）= U - W - V）。

2）控制端子（FW 和 RV）的连线错误（端子 FW 用于正转，RV 用于反转）。

（3）电动机转速不能到达一定值　电动机转速不能到达一定值的主要原因如下。

1）如果使用模拟输入，是否用电流或电压“O”或“OI”：检查连线；检查电位器或信号发生器。

2）负载太重：重负载超过了过载限定。

（4）电动机过载　造成电动机过载的原因如下。

1）机械负载有突变。

2）电动机功率太小。

3）电动机发热，绝缘变差。

4）电压波动较大。

5）存在缺相。

6）机械负载增大。

7）供电电压过低。

（5）变频器过载　造成变频器过载的原因如下。

1）变频器容量配置过小，若是则加大容量。

2）机械负载有卡死现象。

3）V/F 曲线设定不良，重新设定。

（6）主轴转速不稳定　主轴转速不稳定的主要原因如下。

1）负载波动太大。

2）电源不稳定。

3）该现象若出现在某一特定频率下，则可以稍微改变输出频率，使用跳频设定将此有问题的频率跳过。

4）外界因素干扰。

（7）主轴转速与变频器输出频率不匹配　主轴转速与变频器输出频率不匹配的主要原因如下。

1）最大频率设定不当。

2）V/F 设定值与主轴电动机规格不相匹配。

3）某项比例参数设定不正确。

（8）主轴与进给不匹配（螺纹加工时）　主轴与进给不匹配的主要原因有：当进行螺纹切削或用每转进给指令切削时，会出现虽已停止进给但主轴仍继续运转的故障。要执行每转进给的指令，主轴必须有每转一个脉冲的反馈信号，一般情况下为主轴编码器有问题。可以用以下方法来确定。

1）CRT 画面有报警显示。

2）通过 PLC 状态显示观察编码器的信号状态。

3）用每分钟进给指令代替每转进给指令来执行程序，观察故障是否消失。

3. 变频器的使用和维护

在变频器的使用和维护过程中应注意的事项如下。

（1）保持变频器的清洁，不要让灰尘等其他杂质进入。

（2）特别注意避免断线或连接错误。

（3）确保接线端和连接器连接牢固。

（4）确保使用的熔断器、漏电断路器、交流接触器和电动机连线容量足够大。

（5）切断电源后应等待至少5min，才能进行维护或检查。

（6）设备应远离潮湿环境和油雾、灰尘、金属丝等杂质。

6.4 实训步骤与内容

项目一 变频器的控制方式

1. 实训步骤

（1）了解主轴单元的组成，变频器的工作原理及各端子的功能含义。

（2）了解主轴单元的电气控制原理和电路连接。

（3）进行电路连接及参数调试。

2. 实训内容

变频器有三种频率调节方式。

（1）手操键盘给定方式 通过变频器的操作键盘及变频器本身提供的控制参数来对变频器进行控制。具体操作步骤如下。

1）参数设置：参数A01设为“02”、参数A02设为“02”。

2）通过“▲”或“▼”键改变参数F01的值来增加或减小给定频率。

3）按“RUN”键，电动机运转。

4）按“STOP/RESET”键，电动机停止。

5）设置参数F04的值为“00”（正转）或“01”（反转）改变电动机的旋转方向。

（2）调节电位器给定方式 日立SJ—100型变频器上配有调速电位器，可通过其旋钮来进行调速。即可通过调节电位器来控制电动机的运行情况。具体操作步骤如下。

1）参数设置：参数A01设为“00”，参数A02设为“02”。

2）通过调节电位器来控制电动机的运行转速，将电位器旋过一定的角度。

3）按“RUN”键，电动机运转，通过改变电位器的旋转角度来改变变频器的输出频率，控制电动机的旋转速度。

（3）数控系统给定方式 数控机床常见的控制方式是通过变频器上的控制端子进行控制，参照SJ—100型变频器与世纪星数控系统的连接图（如图6-5所示），确认无误后，接通各部分电源，参照手操键盘给定方式的步骤，即可通过由华中世纪星数控系统的主轴控制命令，控制变频器的运行。具体操作步骤如下。

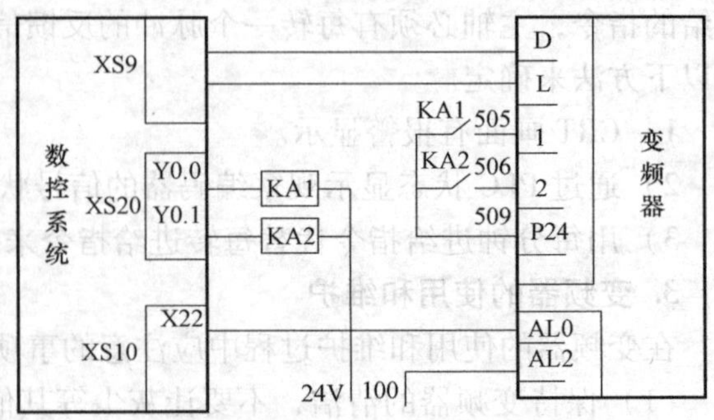

图6-5 变频器与世纪星数控系统连接图

1）按照图6-5进行连接，确认无误后，接通各部分电源。

2）参数设置：参数A01设为“01”，参数A02设为“01”。

3）通过主轴控制指令，控制变频器运

行。例如：M03 S500。

项目二　变频器智能端子的使用及电动机特性

1. 实训步骤

（1）先利用变频器智能端子控制主轴的正反转。

（2）再利用变频器智能端子控制变频器的速度。

2. 实训内容

一般变频器都配备智能端子，以便在控制变频器的时候使用。图6-6所示为日立SJ—100型变频器控制端子图。其中1～6控制端子就是变频器的智能端子，各控制端子的功能可通过C组参数定义，参数C01～C06分别对应端子1～6。

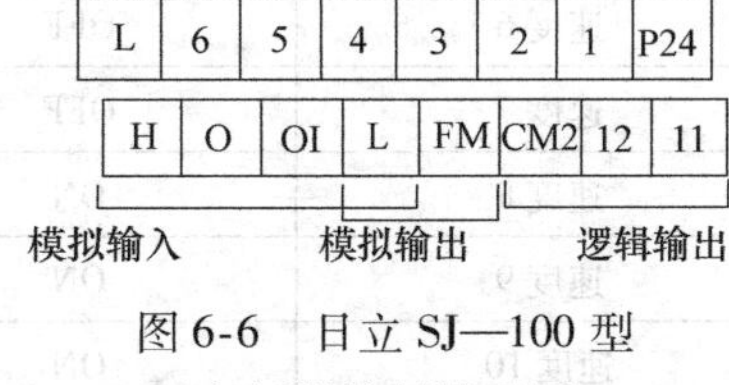

图6-6　日立SJ—100型变频器控制端子图

（1）利用变频器智能端子控制主轴的正反转　若想使用智能端子1和2来控制主轴正反转，那么把参数C01和C02的数值分别修改成00和01，然后将控制主轴正反转的信号线505、506接到端子1和2上，如图6-7所示。当505接通时，主轴正转；506接通时，主轴反转。

若想使用智能端子5和6来控制主轴正反转，那么把参数C05和C06分别设为00和01，然后将控制主轴正反转的信号线505、506接到端子5和6上，如图6-8所示。当505接通时，主轴正转；506接通时，主轴反转。

图6-7　正反转信号线接线图

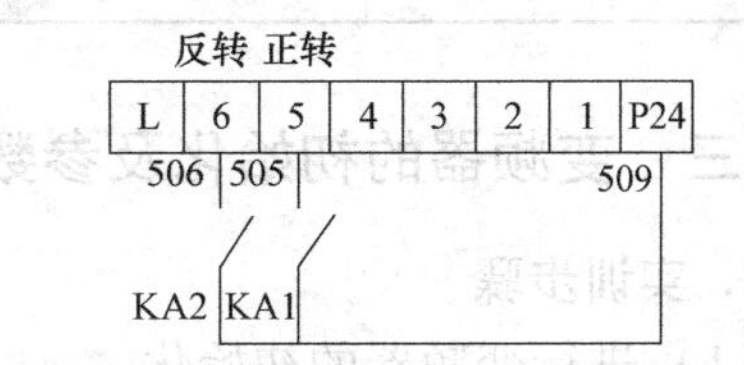

图6-8　正反转信号线接线图

（2）利用变频器智能端子控制变频器的速度　一般情况下变频器是通过模拟电压或模拟电流来调节变频器的输出频率，也可以通过调节变频器的参数来对变频器的输出频率进行控制，从而改变电动机的速度。这里再介绍另外一种速度控制方式，即利用变频器的智能端子来控制变频器的速度。

可以利用4个智能端子进行16个目标频率的选择，这16个目标频率由参数A20～A35设定，参数A20～A35分别对应速度1～速度16，选择哪个速度是由控制速度的智能端子的状态确定的。

1）将智能端子C01～C04的数值分别设为02、03、04、05，这四个智能端子就可以对目标频率进行选择控制了。

2）利用参数A20～A35，设定16种不同的目标频率。

3）按照图6-9所示，利用实验台所提供的乒乓开关进行接线。

4）利用“乒乓”开关给变频器的智能端子提供不同的状态，见表6-3，不同的状态应该对应不同的速度。学习中

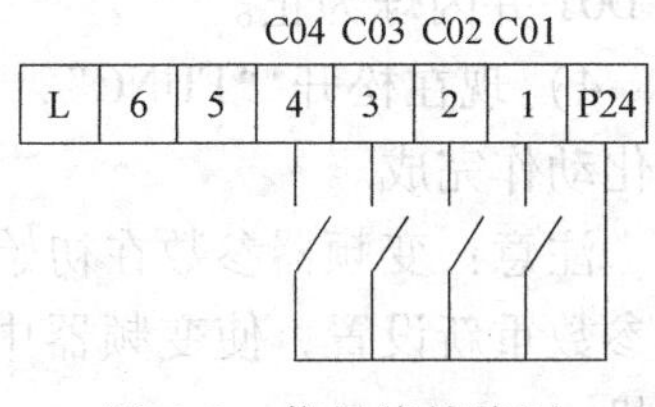

图6-9　信号线接线图

要进行实际操作，观察变频器的输出频率是否和智能端子给定的频率一致。

表 6-3　速度/状态表

多级速度	CF4	CF3	CF2	CF1
速度 0	OFF	OFF	OFF	OFF
速度 1	OFF	OFF	OFF	ON
速度 2	OFF	OFF	ON	OFF
速度 3	OFF	OFF	ON	ON
速度 4	OFF	OFF	OFF	OFF
速度 5	OFF	ON	OFF	ON
速度 6	OFF	ON	ON	OFF
速度 7	OFF	ON	ON	ON
速度 8	ON	OFF	OFF	OFF
速度 9	ON	OFF	OFF	ON
速度 10	ON	OFF	ON	OFF
速度 11	ON	OFF	ON	ON
速度 12	ON	ON	OFF	OFF
速度 13	ON	ON	OFF	ON
速度 14	ON	ON	ON	OFF
速度 15	ON	ON	ON	ON

项目三　变频器的初始化及参数设置

1. 实训步骤

(1) 进行变频器的初始化。

(2) 设置变频器的参数。

2. 实训内容

(1) 变频器的初始化

1) 将参数 B04、B84 、B85 均设为“1”，然后按“STR”键保存。

B04 设为“01”，表示初始化有效。B84 为初始化模式时：“00”为清除跳闸记录，“01”为参数初始化。B85 为初始化模式时：“00”为日本版，“01”为欧洲版，“02”为美国版。

2) 按住“FUNC”、“▲”与“▼”键不放。

3) 按住上述各键不放，并按住 STOP/RESET 达 3s，然后只松开 STOP/RESET，直至显示 D01 并闪烁为止。

4) 现在松开“FUNC”，“▲”与“▼”键，001 显示功能开始闪烁，闪烁结束后，初始化动作完成。

注意：变频器参数在初始化完成以后，请勿直接运行变频器与电动机，还需要将变频器的参数重新设置，使变频器中的参数与所带负载电动机的各项参数相匹配，然后再运行电动机。

（2）变频器的参数设置

在运行电动机前，首先确认下列参数是否正确：

电动机额定电压　A82 = 380V

电动机额定功率　H03 = 0.55kW

电动机的磁极数　H04 = 4 极

电动机额定频率　A03 = 50Hz

电动机最小频率　A15 = 01（0Hz）

电动机最大频率　A04 = 60Hz

斜坡上升时间　F02 = 10s

斜坡下降时间　F03 = 10s

项目四　变频器故障的设置

1. 实训步骤

（1）进行变频器与三相异步电动机常见故障的设置。

（2）记录故障现象，分析并得出结论。

2. 实训内容

变频器与三相异步电动机常见故障的设置见表6-4。

表6-4　变频器与三相异步电动机常见故障的设置

序　　号	故障的设置方法	故　障　现　象
1	将异步电动机的三相电源中的两相互换，运行主轴	
2	将变频器的模拟电压取消或极性互调，运行主轴	
3	将变频器参数H04磁极数设置为6或2，运行主轴	
4	将主轴正反转信号取消，运行主轴	

6.5　实训报告与思考

1. 当主轴电动机缺相时，电动机会产生哪些现象？
2. 如果发现主轴电动机正反转相反，则可以通过哪些环节来调试？

学习领域7　换刀机构故障的检测与排除

7.1　实训目的与要求

（1）了解数控机床换刀机构的组成、基本连接、机械机构的传动和电气控制的原理。

（2）熟悉换刀系统常见的故障类型、产生的原因以及故障分析和检测排除的方法。

7.2　实训仪器与设备

（1）数控系统综合实训台一套。

（2）万用表一块，专用工具一套。

7.3　相关知识概述

7.3.1　刀架的基本组成与工作原理

刀架是数控机床实现刀具装夹和自动换刀的主要装置。本实训台采用 LDB4 型四工位电动刀架，其基本组成如图 7-1 所示。刀架电动机的起停、转向受控于 PLC。其工作过程为：数控系统发出换刀信号，控制继电器动作，电动机正转，通过蜗轮、蜗杆、螺杆将销盘上升至一定高度时，离合销进入离合盘槽，离合盘带动离合销，离合销带动销盘，销盘带动上刀体转位，当上刀体转到所需刀位时，霍尔元件电路发出到位信号，电动机反转，反靠销进入反靠盘槽，离合销从离合盘槽中爬出，刀架完成粗定位。同时销盘下降端齿啮合，完成精定位并将刀架锁紧。

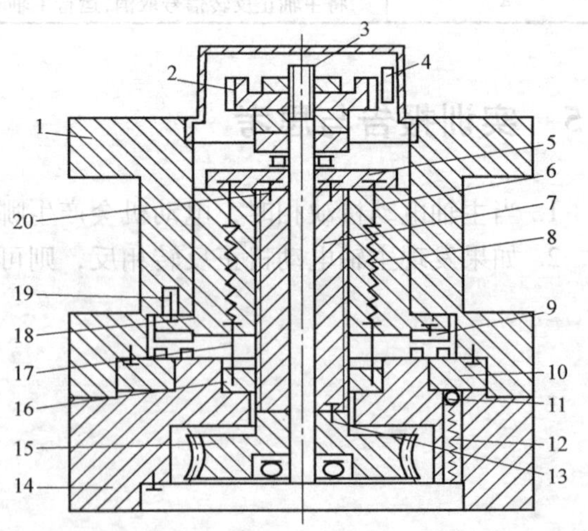

图 7-1　电动刀架的基本组成

1—刀架体　2—发信盘　3—心轴　4—磁钢　5—上槽盘　6、13、17、20—传动销　7—梯形螺柱　8、12—压缩弹簧　9—上端齿盘　10—下端齿盘　11—钢球　14—齿盘体　15—涡轮　16—下槽盘　18—梯形螺套　19—销子

7.3.2　刀架的电气控制

电动刀架的电气控制分强电和弱电两部分。强电部分由三相电源驱动三相交流异步电动机正、反向旋转，从而实现电动刀架的松开、转位和锁紧等动作，如图 7-2 所示。弱电部分主要由位置传感器——发

信盘构成，发信盘采用霍尔传感器发信，如图7-3所示。该数控电动刀架的电动机采用三相异步电动机，功率为90W，转速为1300r/min。电气控制和连接详见本实训台附带的电气原理图册。

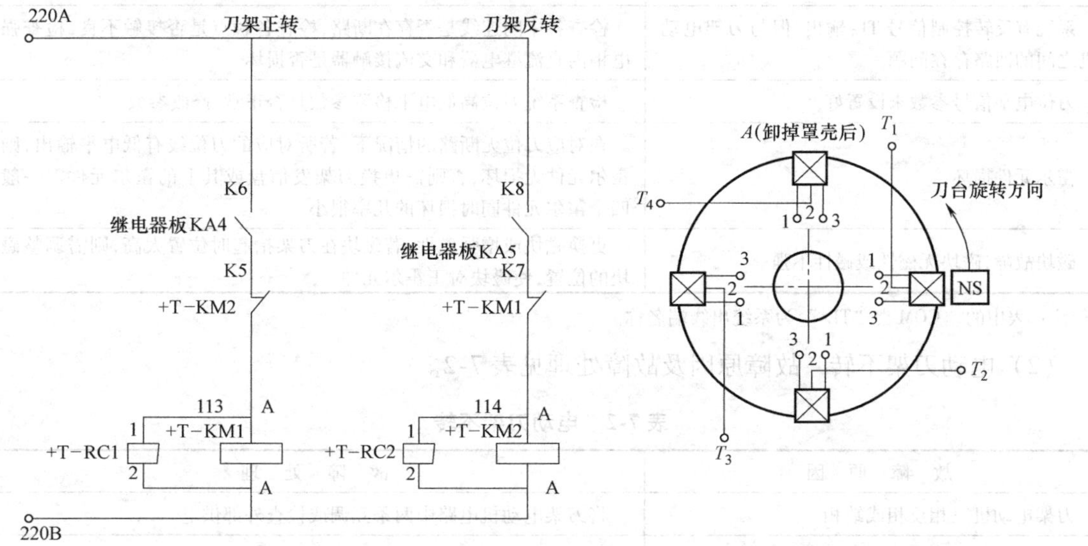

图7-2　电动刀架正反转的电气控制　　　　图7-3　霍尔元件控制示意图

7.4　实训步骤与内容

项目一　刀架及换刀常见的故障及其诊断

1. 实训步骤

（1）介绍电动刀架的机械结构、组成和工作原理等。

（2）介绍电动刀架的电气控制原理、控制电路的基本连接。

（3）进行简单故障的模拟、调试、分析和处理。

2. 实训内容

（1）电动刀架的每个刀位都转动不停　故障原因及故障处理见表7-1。

表7-1　电动刀架的每个刀位都转动不停

故障原因	故障处理
系统无+24V、COM输出	用万用表测量系统出线端，看这两点输出电压是否正常或存在，若电压不存在，则为系统故障，需更换主板或送厂维修
系统有+24V、COM输出，但与刀架发信盘连线断路；或是+24V对COM地短路	用万用表检查刀架上的+24V、COM地与系统的接线是否存在断路；检查+24V是否对COM地短路，将+24V电压拉低
系统有+24V，COM输出，连线正常，发信盘的发信电路板上+24V和COM地回路有断路	发信盘长期处于潮湿环境造成线路氧化断路，用焊锡或导线重新连接
刀位上+24V电压偏低，电路中的上拉电阻开路	用万用表测量每个刀位上的电压是否正常，如果偏低，检查上拉电阻，若是开路，则更换1/4W2kΩ上拉电阻

（续）

故 障 原 因	故 障 处 理
系统的反转控制信号 TL- 无输出	用万用表测量系统出线端，看这一点的输出电压是否正常或存在，若电压不存在，则为系统故障，需更换主板或送厂维修
系统有反转控制信号 TL- 输出，但与刀架电动机之间的回路存在问题	检查各中间连线是否存在断路，检查各触点是否接触不良，检查强电柜内直流继电器和交流接触器是否损坏
刀位电平信号参数未设置好	检查系统刀位高低电平检测参数是否正常，修改参数
霍尔元件损坏	在对应刀位无断路的情况下，若所对应的刀位线有低电平输出，则霍尔元件无损坏，否则需更换刀架发信盘或其上的霍尔元件。一般四个霍尔元件同时损坏的几率很小
磁块故障，磁块无磁性或磁性不强	更换磁块或增强磁性，若磁块在刀架抬起时位置太高，则需调整磁块的位置，使磁块对正霍尔元件

注：表中的“COM”、“TL-”为系统出线端名称。

（2）电动刀架不转　故障原因及故障处理见表 7-2。

表 7-2　电动刀架不转

故 障 原 因	故 障 处 理
刀架电动机三相反相或缺相	将刀架电动机电路中两条互调或检查外部供电
系统的正转控制信号 TL+无输出	用万用表测量系统出线端，测量+24V 和 TL+两触点，同时手动换刀，看这两点的输出电压是否有+24V，若电压不存在，则为系统故障，需送厂维修或更换相关 IC 元器件
系统的正转控制信号 TL+输出正常，但控制信号这一回路存在断路或元器件损坏	检查正转控制信号电路是否断路，检查这一回路各触点接触是否良好；检查直流继电器或交流接触器是否损坏
刀架电动机无电源供给	检查刀架电动机电源供给电路是否存在断路，各触点是否接触良好，强电电气元器件是否有损坏；检查熔断器是否熔断
上拉电阻未接入	将刀位输入信号接上 2kΩ 上拉电阻，若不接此电阻，则刀架在宏观上表现为不转，实际动作为先正转后立即反转，使刀架看似不动
机械卡死	通过手摇使刀架转动，通过松紧程度判断是否卡死，若是，则需拆开刀架，调整机械，加入润滑油
反锁时间过长造成的机械卡死	在机械上放松刀架，然后通过系统参数调节刀架反锁时间
刀架电动机损坏	拆开刀架电动机，转动刀架，看电动机是否转动，若不转动，再确定电路没问题时，更换刀架电动机
刀架电动机进水造成电动机短路	烘干电动机，加装防护，做好绝缘

（3）电动刀架锁不紧　故障原因及故障处理见表 7-3。

表 7-3　电动刀架锁不紧

故 障 原 因	故 障 处 理
发信盘位置没对正	拆开刀架顶盖，旋动并调整发信盘位置，使刀架的霍尔元件对准磁块，使刀位停在准确位置
系统反锁时间不够长	调整系统刀架反锁时间参数
机械锁紧机构故障	拆开刀架，调整机械，检查定位销是否折断

（4）电动刀架某一位刀转不停，其余刀位可以转动　故障原因及故障处理见表 7-4。

表 7-4　电动刀架某一位刀转不停，其余刀位可以转动

故障原因	故障处理
此位刀的霍尔元件损坏	确认使刀架转不停的刀位，转动该位刀，用万用表测量该位刀的刀位信号触点对 +24V 触点是否有电压变化，若无变化，则可判定为该位刀霍尔元件损坏，更换发信盘或霍尔元件
此位刀信号线断路，造成系统无法检测刀位信号	检查该刀位信号与系统的连线是否存在断路
系统的刀位信号接收电路有问题	当确定该刀位霍尔元件没问题，以及该刀位与系统的信号连线也没问题的情况下更换主板

（5）电动刀架有时转不动（加工时只是偶尔出现）　故障原因及故障处理见表 7-5。

表 7-5　电动刀架有时转不动

故障原因	故障处理
刀架的控制信号受干扰	使系统可靠接地，特别注意变频器的接地，接入抗干扰电容
刀架内部机械故障造成的偶尔卡死	维修刀架，调整机械结构

（6）刀架其他常见故障　刀架其他常见故障见表 7-6。

表 7-6　刀架其他常见故障

故障现象	故障原因
刀架转动不停或在某规定刀位不能停	发信盘接地电路断路或电源电路断路；霍尔元件断路或短路（损坏）；磁钢磁极反相；磁钢与霍尔元件无信号
刀架电动机无法起动，刀架不能动作	电源无电或控制箱开关位置不对，电动机未通电，应检查电动机有无旋转现象；电动机缺相，单相运行；电动机相序接反或输入电源相序反，应检查电动机是否反转；夹紧力过大；机械卡死
上刀体抬起但不转动	粗定位销在锥孔中卡死或断裂；安装或装配故障
刀架定位不准	刀架部分机械磨损严重；有异物卡住；锁紧力不够，未锁紧

（7）刀架简单故障实验　故障设置方法见表 7-7。

表 7-7　刀架简单故障实验

序　号	故障设置方法	故障现象
1	将刀架的 24V 电源断开	
2	将控制刀架反转的接触器相序互换	
3	将控制刀架接触器的 KA4 换到 KA6 上	
4	将电源相序互换	

项目二　刀架参数故障的设置

1. 实训步骤

（1）了解参数设置对刀架运行的作用及影响。

（2）进行刀架参数修改与调试，记录现象，得出相应的结论分析。

2. 实训内容

普通车床使用的四工位刀架能够正常工作，是靠 PLC 的控制完成的，在换刀过程中为

了对刀架进行保护，设置了换刀超时时间常数，如果换刀过程在规定的时间内不能正常完成，系统就会报警提示。为了能让刀架正确选择刀具，设置了刀架正转延时时间常数。选择刀具后，要对所选择的刀具进行锁紧，在 PMC 参数中又设置了刀架反转延时时间常数。在系统 PMC 参数中，有关刀架的参数定义如下：

P2——换刀超时时间常数（系统设定为 10s）。

P3——刀具锁紧时间常数（系统设定为 1s）。

P4——正转延时时间常数（系统设定为 0.1s）。

可以根据上述参数定义，对这些参数进行人为修改，来认识这些参数的功能。

（1）首先确认刀架电动机运转正常，换刀、锁紧等动作准确无误。

（2）进入系统参数编辑状态，选择 PMC 系统参数，更改换刀锁紧时间、换刀超时时间、正转延时时间参数，观察和判断刀架换刀动作是否正常，并用手扳动刀架，判断刀架是否锁紧，选择的刀具是否到位等。填写表 7-8。

（3）测试完毕后将参数恢复到原来正常工作时的状态。

表 7-8 与刀架有关的 PMC 参数的设置

序　　号	故障设置的方法	故障现象及分析
1	将换刀超时时间更改为 3s，观察换刀时的现象	
2	将换刀时间更改为 10s，将刀具锁紧时间更改为 0.1s，观察换刀时的现象，判断刀架是否锁紧，选择的刀具是否到位	
3	将换刀时间更改为 10s，将刀具锁紧时间更改为 1s，将正转延时时间更改为 2s 或 0s，观察换刀时的现象，判断刀架是否锁紧，选择的刀具是否到位	

7.5 实训报告与思考

1. 执行换刀操作时刀架不能转动，不能换刀，试分析其故障原因。
2. 执行换刀操作时刀架不停转动，最后出现换刀超时报警，试分析其故障原因。
3. 画出控制刀架的主电路和控制电路的电气原理图。

学习领域8 PLC 故障的检测与排除

8.1 实训目的与要求

（1）了解数控系统中 PLC 的控制原理。

（2）掌握华中数控标准 PLC 的操作。

（3）熟悉修改标准 PLC 的输入输出点及 PLC 所提供的各项功能。

（4）掌握利用 PLC 程序进行故障检测和分析。

8.2 实训仪器与设备

（1）数控系统综合实训台一套。

（2）专用连接线一套。

（3）PC 键盘一套。

8.3 相关知识概述

8.3.1 数控系统综合实训台 PLC 的功能介绍

华中数控系统综合实训台采用的是“内装型”PLC，前面已经学习了实训台与 PLC 相关的各个信号的作用及其连线的知识。要明确：任何一个逻辑信号在 PLC 中都有个固定变量，即地址一一对应，逻辑信号的信息状况可以从软件操作界面中反映出来。这对故障的查找、诊断具有重要意义。

1. 开关量输入/输出（PLC 地址）的设置

在系统程序和 PLC 程序中，输入到机床的开关量信号定义为 X（即各接口中的 I 信号）；输出到机床的开关量信号定义为 Y（即各接口中的 O 信号）。将各个接口（HNC—21 型本地、远程 I/O 端子板）中的输入/输出（I/O）开关量定义为系统程序中的 X、Y 变量，需要通过设置参数中的硬件配置参数和 PMC 系统参数来实现。

HNC—21 型数控装置的输入/输出开关量占用硬件配置参数中的三个部件（一般设为部件 20、部件 21、部件 22），如图 3-6 所示。这里需要说明的是主轴模拟电压指令也作为开关量输出信号处理。其输出的过程为：PLC 程序通过计算给出数字量，数字量由专用的硬件电路转化为模拟电压。PLC 程序处理的是数字量，共 16 位占用两个字节即两组输出信号。

在 PMC 系统参数中再给各部件（部件 20、部件 21、部件 22）中的输入/输出开关量分配所占用的 X、Y 地址，即确定接口中各 I/O 信号与 X/Y 的对应关系，如图 8-1 所示。这在 PMC 系统参数中所涉及的部件号与硬件配置参数中是一致的。其中：

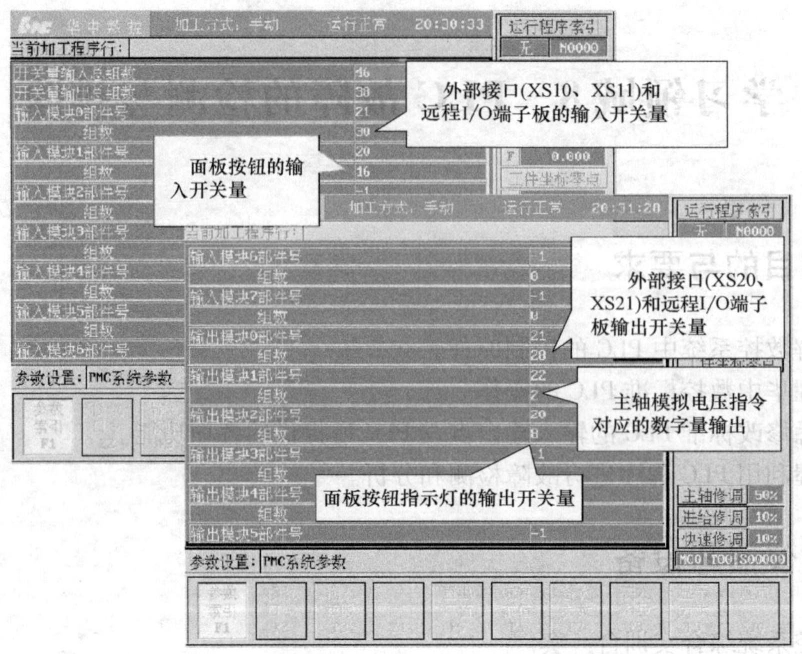

图 8-1 PMC 系统参数中关于输入/输出开关量的设置

输入开关量总组数即为 30 + 16 = 46 组。

部件 21 中的开关量输入信号设置为输入模块 0，共 30 组，则占用 X[00] ~ X[29]。

部件 20 中的开关量输入信号设置为输入模块 1，共 16 组，则占用 X[30] ~ X[45]。

输出开关量总组数即为 28 + 2 + 8 = 38 组。

部件 21 中的开关量输出信号设置为输出模块 0，共 28 组，则占用 Y[00] ~ Y[27]。

部件 22 中的开关量输出信号设置为输出模块 1，共 2 组，则占用 Y[28] ~ Y[29]。

部件 20 中的开关量输出信号设置为输出模块 2，共 8 组，则占用 Y[30] ~ Y[37]。

按以上参数设置，I/O 开关量与 X/Y 的对应关系见表 8-1。

表 8-1 I/O 开关量与 X/Y 的对应关系

信号名	X/Y 地址	部件号	模块号	说明
输入开关量地址定义				
I0 ~ I39	X[00] ~ X[04]	21	输入模块 0	XS10、XS11 输入开关量
I40 ~ I47	X[05]			保留
I48 ~ I175	X[06] ~ X[21]			HNC—21 型数控机床远程输入开关量
I176 ~ I239	X[22] ~ X[29]			保留
I240 ~ I367	X[30] ~ X[45]	20	输入模块 1	面板按钮输入开关量
输出开关量地址定义				
O0 ~ O31	Y[00] ~ Y[03]	21	输出模块 0	XS20、XS21 输出开关量
O32 ~ O159	Y[04] ~ Y[19]			HNC—21 型数控机床远程输出开关量
O160 ~ O223	Y[20] ~ Y[27]			保留
O224 ~ O239	Y[28] ~ Y[29]	22	输出模块 1	主轴模拟电压指令数字量输出
O240 ~ O303	Y[30] ~ Y[37]	20	输出模块 2	面板按钮指示灯输出开关量

HNC—21 型数控机床操作面板按钮共 3 排。

(1) 第一排有 15 个按钮，输入开关量信号依次为 X[30] 和 X[31] 的第 0 ~ 6 位，指示灯输出开关量信号依次为 Y[30]和 Y[31]的第 0 ~ 6 位。

（2）第二排有 14 个按钮，输入开关量信号依次为 X[32]和 X[33]的第 0 ~ 5 位，指示灯输出开关量信号依次为 Y[32]和 Y[33]的第 0 ~ 5 位。

（3）第三排有 15 个按钮，输入开关量信号依次为 X[34]和 X[35]的第 0 ~ 6 位，指示灯输出开关量信号依次为 Y[34]和 Y[35]的第 0 ~ 6 位。

2. 开关量输入/输出（PLC 地址）状态的显示操作

输入/输出开关量每 8 位一组占用一个字节。例如 HNC—21 型数控装置 XS10 接口的 I0 ~ I7 开关量输入信号占用 X[00]组，I0 对应于 X[00]的第 0 位，I1 对应于 X[00] 的第 1 位……。通过查看 PLC 状态，用户可以检查机床输入/输出开关量信号的状态（X、Y）。另外用户还通过查看 PLC 编程用的中间继电器（R 继电器、不是指控制柜中的实际继电器）的状态信息，可以调试 PLC 程序。具体过程如下。

（1）在图 8-2 所示的主操作界面下按 F5 键进入 PLC 功能子菜单。命令行与菜单条的显示如图 8-3 所示。

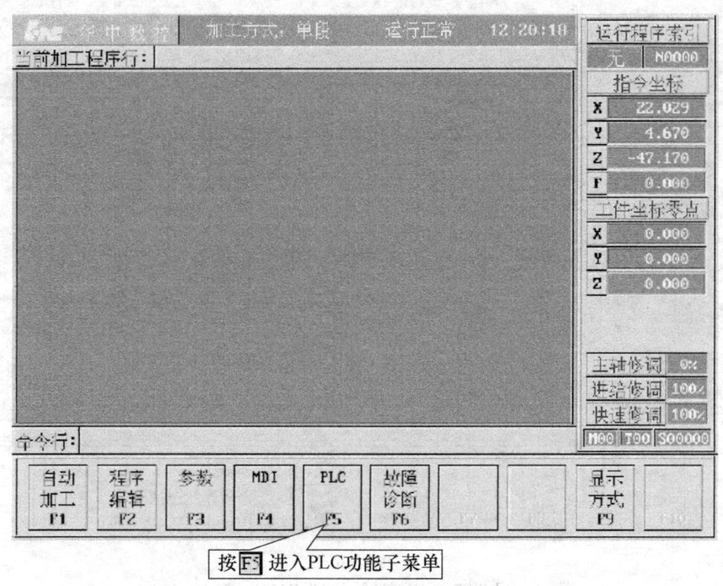

图 8-2　主控菜单

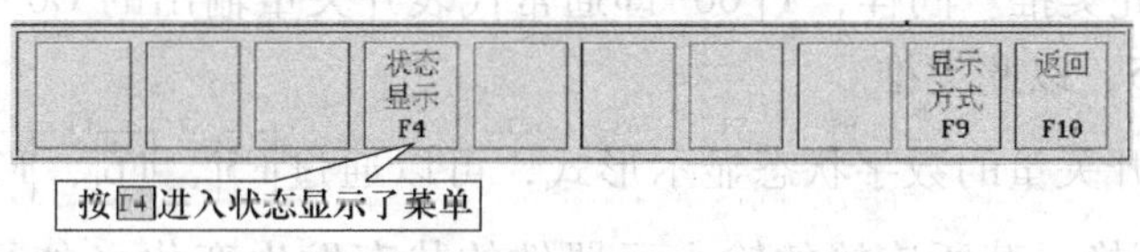

图 8-3　PLC 功能子菜单

（2）在 PLC 功能子菜单中选择 F4，弹出状态选择子菜单，如图 8-4 所示。在状态选择子菜单中可以用[↓]、[↑]键选择要查看的状态。例如按[F1]选择机床输入到 PMC：X，则显示如图 8-5 所示的输入点状态窗口。

X、Y 默认为二进制显示。每 8 位一组，每一位代表外部一位开关量输入或输出信号，例如，通常 X[00]的 8 位数字量从右往左依次代表开关量输入的 I0 ~ I7。X[01]代表开关量

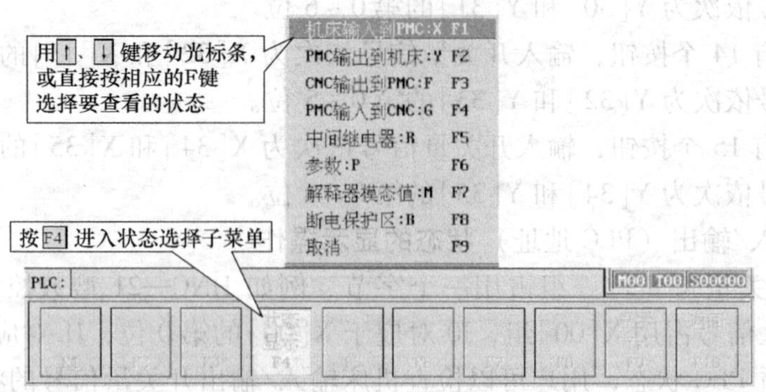

图 8-4 PLC 功能子菜单与状态选择子菜单

华中数控 加工方式：自动 运行正常 13:26:22

当前加工程序行：

机床输入到PMC:X

X[00]	00000000B	X[15]	00000000B	X[30]	00000000B
X[01]	00000000B	X[16]	00000000B	X[31]	00000000B
X[02]	00000000B	X[17]	00000000B	X[32]	00000000B
X[03]	00000000B	X[18]	00000000B	X[33]	00000000B
X[04]	00000000B	X[19]	00000000B	X[34]	00000000B
X[05]	00000000B	X[20]	00000000B	X[35]	00000000B
X[06]	00000000B	X[21]	00000000B	X[36]	00000000B
X[07]	00000000B	X[22]	00000000B	X[37]	00000000B
X[08]	00000000B	X[23]	00000000B	X[38]	00000000B
X[09]	00000000B	X[24]	00000000B	X[39]	00000000B
X[10]	00000000B	X[25]	00000000B	X[40]	00000000B
X[11]	00000000B	X[26]	00000000B	X[41]	00000000B
X[12]	00000000B	X[27]	00000000B	X[42]	00000000B
X[13]	00000000B	X[28]	00000000B	X[43]	00000000B
X[14]	00000000B	X[29]	00000000B	X[44]	00000000B

运行程序索引：无 N0000

指令坐标：X 22.029，Y 4.670，Z -47.170，F 0.000

工件坐标零点：X 0.000，Y 0.000，Z 0.000

主轴修调 0%，进给修调 100%，快速修调 100%

PLC: M00 T00 S00000

状态显示 F4 | 十进制显示 F6 | 十六进制显示 F7 | 返回 F10

图 8-5 机床输入到 PMC：X

输入的 I8 ~ I15，以此类推。同样，Y[00]即通常代表开关量输出的 O0 ~ O7，Y[01]代表开关量输出的 O8 ~ O15，以此类推。

各种输入/输出开关量的数字状态显示形式，可以通过F5、F6、F7键在二进制、十进制和十六进制之间切换。若所连接的输入元器件的状态发生变化（如行程开关的触头被压下），则所对应的开关量的数字状态显示也会发生变化。由此可检查输入/输出开关量电路的连接是否正确。

8.3.2 标准 PLC 的基本操作及参数配置

为了简化 PLC 源程序的编写，减轻工程人员的工作负担，华中数控股份有限公司开发了标准 PLC 系统。车床标准 PLC 系统主要包括 PLC 配置系统和标准 PLC 源程序两部分。其中，PLC配置系统可供工程人员进行修改，它采用的是友好的对话框填写模式，运行于DOS平台下，与其他高级操作系统兼容，可以方便、快捷地对PLC选项进行配置。配置完以后生成的头文件加上标准PLC源程序，就可以编译成可执行的PLC执行文件了。

在数控系统中，生产厂家为了机床用户使用方便，在其系统内部预装了标准车床和标准铣床的PLC控制程序，其控制功能基本涵盖了常规车床和铣床的基本控制配置。在进行机床改造时只需要对其相应的功能进行对应设置（开启或屏蔽）即可，使用十分方便。当然，更深层次的修改和编辑则要在梯形图或DOS状态下进行。

标准PLC程序的操作就是对其标准控制功能进行开启和屏蔽，使得PLC的控制功能和机床的具体功能相吻合。此时的操作不需进入到控制梯形图的层面，更不必进到PLC源程序（DOS状态）的层面，只需通过数控系统操作面板进入到PLC编辑菜单下，按照系统的提示，以对话框的形式即可完成PLC控制程序的修改，操作十分简单。

1. 基本操作

（1）在主操作界面下，按F10键进入扩展功能子菜单。

（2）在扩展功能子菜单下，按F1键，系统将弹出PLC子菜单。

（3）在PLC子菜单下，按F2键，系统将弹出输入口令对话框，在口令对话框输入初始口令HIG，会弹出输入口令确认对话框，按Enter键确认，便进入图8-6所示的标准PLC配置系统。

（4）按F2键，便进入车床标准PLC系统。

图8-6 标准PLC配置系统

（5）Pgup键、Pgdn键为5大功能项相邻界面间的切换键。同一功能界面中用Tab键切换输入点；用←、↑、→、↓键移动蓝色亮条选择要编辑的选项；按Enter键编辑当前选定的项；编辑过程中，按Enter键表示确认输入，按Esc键表示取消输入；无论输入点还是输出点，字母“H”表示高电平有效，即为“1”，字母“L”表示低电平有效，即为“0”；在任何功能项界面下，都可按Esc键退出系统。

（6）在查看或设置完车床标准PLC系统后，按Esc键，系统将弹出确认系统提示界面，按Enter键确认后，系统将自动重新编译PLC程序，并返回系统主菜单，新编译的PLC程序生效。

2. 配置参数详细说明

车床标准PLC配置系统涵盖大多数车床所具有的功能，具体有以下5大功能项：机床支持选项配置；主轴输出点定义（主要用于电磁离合器输入点配置）；刀架输入点定义；面板输入/输出点定义；外部输入/输出（I/O）点定义。

(1) 机床支持选项配置　机床支持选项配置主界面如图 8-7 所示，在本 PLC 配置界面中，字母“Y”表示支持该功能，字母“N”表示不支持该功能。

车床PLC配置系统

版权所有(c)武汉华中数控股份有限公司，保留所有权利

10:28:16

功能名称	是否支持	功能名称	是否支持
进给驱动选项		主轴系统选项	
驱动类型:步进驱动器	Y	主轴速度调节:变频	N
驱动类型:11型数字式伺服	N	主轴速度调节:手动换档	N
驱动类型:16型全数字式伺服	N	主轴速度调节:自动换档	Y
驱动类型:模拟伺服	N	支持星三角	N
X轴是否带抱闸	N	支持抱闸	N
刀架系统选项		其他功能选项	
支持双向选刀	N	是否支持气动卡盘	N
有刀架锁紧定位销	N	是否支持防护门	N
有插销到位信号	N	保留	N
有刀架锁紧到位信号	N	保留	N

图 8-7　机床支持选项配置主界面

下面分别讲解系统支持功能选项每一项所代表的意思。

1) 主轴系统选项

① 支持手动换挡　指通过手工换挡方式，既没有变频器，也不支持电磁离合器自动换挡，是一种纯手工换挡方式。

② 是否通过 M 指令换挡　指系统带有变频器，又具有机械变速功能，但是机械换挡时没有机械换挡到位信号，所以可以通过 M42、M41 来给系统一个挡位信号。

③ 支持星三角　指主轴电动机在正转或反转时，先用星形绕组起动电动机正转或反转，过一段时间后切换成三角形绕组来转动电动机。

④ 支持抱闸　指系统是否支持主轴抱闸功能。如果没有此项功能则要选 N，屏蔽此项功能。

⑤ 主轴有编码器　指主轴是否具有转速检测功能，即主轴是否有编码器。

⑥ 是否支持正负 10V 模拟电压输出。华中数控系统可以提供 0 ~ 10V 或 -10V ~ +10V 的模拟电压，根据所选的变频器或伺服驱动器所采用的控制电压的类型，来选择 PLC 的选项。

2) 进给系统选项

① 支持广州机床　如果是广州机床，则选择 Y；不是则选择 N。

② *X* 轴抱闸　指系统是否有 *X* 轴抱闸功能。如果没有此项功能，则要选 N，屏蔽此项功能。

③ 保留　备用选项，如果有其他功能则可以增加。

3) 刀架系统选项

① 是否采用特种刀架　如果采用特种刀架，则选择 Y；如果不是则选择 N。

② 支持双向选刀　指系统的刀架既可以正转又可以反转，如果既可以正转又可以反转，

在选刀时就可以根据当前使用刀号判断出选中目标刀号是要正转还是反转，以达到在刀架旋转的最小角度就能选中目标刀。

③ 刀架锁紧定位销　指在当前要选用的目标刀号已经旋转到位，此时刀架停止转动，然后刀架打出一个锁紧定位销锁住刀架。一般的刀架是当锁紧定位销打出一段时间后，刀架反转来锁紧刀架。

④ 插销到位信号　指刀架锁紧定位销打出以后，刀架会反馈一个插销到位信号给系统，当系统收到此信号后才能反转刀架来锁紧刀架。刀架锁紧到位信号，指的是换刀后刀架会给系统回送一个刀架是否锁紧的信号。

⑤ 有刀架到位信号　车床刀架选刀时，有到位信号，则选择 Y；没有则选择 N。

4）其他功能选项

① 是否支持气动卡盘　车床卡盘的松紧是自动的，还是通过外接输入信号来控制的。

② 防护门　车床的防护门是否通过外接输入信号来检测门的开关以确保加工安全。

③ 是否支持尾座套筒　是否支持尾座套筒，是则选择 Y，不是则选择 N。

④ 支持联合点位

⑤ 保留　系统暂时不用的选项，用户可以不对此项进行任何配置操作。

注意：在以上配置项中，进给系统选项中有些选项是互斥的，主轴系统选项中自动换挡、手动换挡、变频换挡三项中同时生效的只有一项。设置好后，按 Pgdn 键进入下一界面。

（2）主轴挡位及输出点定义　主轴挡位及输出点定义配置界面如图 8-8 所示，主要是用在电磁离合器换挡和高低速自动换挡。高低速自动换挡是指通过高、低速线圈切换来选择高挡或低挡。

主轴速度调节：自动换挡选项为“Y”，本配置界面中定义的输出点才有效。在变频换挡或手动换挡选项为“Y”时，应关闭此菜单选项中的所有输出点。

图 8-8 所示为标准 PLC 中的主轴转速设定的一些参数（电动机最大转速、设定转速下限/上限、实测限、实测电动机下限/上限），通过变频器与 PLC 中的相关参数来控制主轴转速。

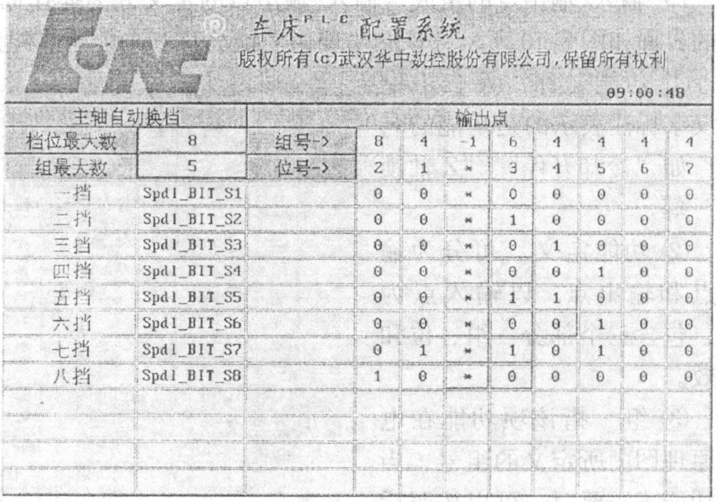

车床PLC配置系统
版权所有(c)武汉华中数控股份有限公司，保留所有权利
09:00:48

主轴自动换档		输出点								
档位最大数	8	组号->	8	4	-1	6	4	4	4	4
组最大数	5	位号->	2	1	*	3	4	5	6	7
一挡	Spdl_BIT_S1		0	0	*	0	0	0	0	0
二挡	Spdl_BIT_S2		0	0	*	1	0	0	0	0
三挡	Spdl_BIT_S3		0	0	*	0	1	0	0	0
四挡	Spdl_BIT_S4		0	0	*	0	0	1	0	0
五挡	Spdl_BIT_S5		0	0	*	1	1	0	0	0
六挡	Spdl_BIT_S6		0	0	*	0	0	1	0	0
七挡	Spdl_BIT_S7		0	1	*	1	0	1	0	0
八挡	Spdl_BIT_S8		1	0	*	0	0	0	0	0

图 8-8　主轴挡位及输出点定义配置界面

（3）刀架信号输入点定义

1）配置界面如图 8-9 所示，主要是对刀具的输入点进行定义，在位编辑行对应的编辑框中输入“－1”表示此输入点无效。在刀号输入点编辑框中输入“1”表示对应的输入点在此刀位中有效，为“0”表示对应的输入点在此刀位中无效。

2）当前系统刀架支持的刀具总数为 4 把，输入的组为第 1 组（本配置系统只支持刀具

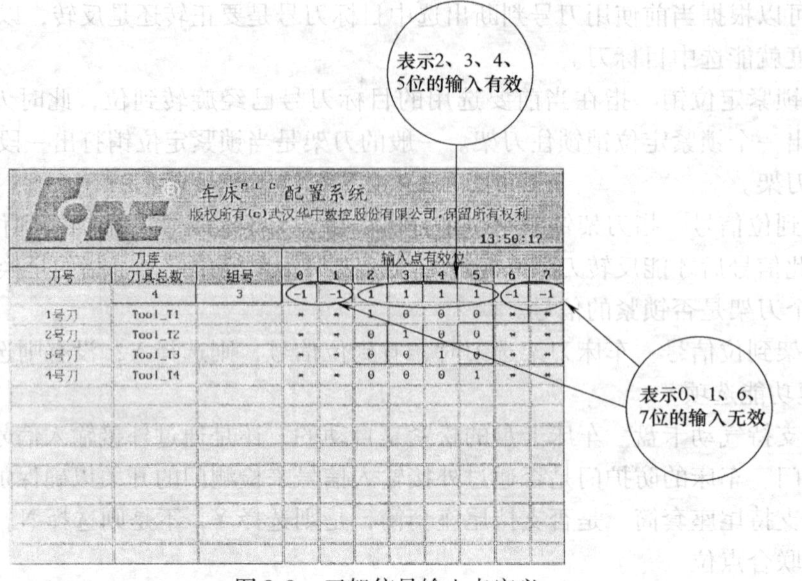

刀库			输入点有效位							
刀号	刀具总数	组号	0	1	2	3	4	5	6	7
	4	3	-1	-1	1	1	1	1	-1	-1
1号刀	Tool_T1		*	*	1	0	0	0	*	*
2号刀	Tool_T2		*	*	0	1	0	0	*	*
3号刀	Tool_T3		*	*	0	0	1	0	*	*
4号刀	Tool_T4		*	*	0	0	0	1	*	*

图 8-9　刀架信号输入点定义

的所有输入点在同一个组），输入的有效位为 4 位，分别是 X1.1、X1.2、X1.3、X1.4，1 号刀对应的输入点是 X1.1，2 号刀对应的输入点是 X1.2，3 号刀对应的输入点是 X1.3，4 号刀对应的输入点是 X1.4。

（4）输入/输出点的定义

1）输入/输出点的组成　输入/输出点的定义分为操作面板定义和外部 I/O 定义，其设置的界面如图 8-10 所示，该图主要由功能名称和功能定义组成。

① 功能名称　在表格里用汉字标注表示的是功能的名称，如“冷却开停”、“Z 轴锁住”等。

② 功能定义　可分为输入点和输出点。以输入点为例，包含三个部分：组、位和有效。

③ 组　指该项功能在电气原理图中所定义的组号，当该功能不需要时，可以按照后面的修改方法将其设置为 -1，则可将其屏蔽掉。

车床PLC配置系统

版权所有(c)武汉华中数控股份有限公司,保留所有权利

10:56:30

操作面板定义	输入点			输出点			操作面板定义	输入点			输出点		
	组	位	有效	组	位	有效		组	位	有效	组	位	有效
自动	30	0	H	30	0	H	空运行	32	0	L	32	0	1
单段	30	1	H	30	1	H	倍率为1	32	1	H	32	1	H
手动	30	2	H	30	2	H	倍率为10	32	2	H	32	2	H
增量	30	3	H	30	3	H	倍率为100	32	3	H	32	3	H
回零	30	4	H	30	4	H	倍率为1000	32	4	H	32	4	H
冷却开停	30	5	H	30	5	H	超程解除	34	1	H	34	1	H
换刀允许	30	6	H	30	6	H	Z轴锁住	34	3	H	34	3	H
刀具松紧	30	7	H	30	7	H	机床锁住	34	4	H	34	4	H
主轴定向	32	5	H	32	5	H	主轴修调减	31	0	H	31	0	H
主轴冲动	32	6	H	32	6	H	主轴修调加	31	2	H	31	2	H
主轴制动	32	7	H	32	7	H	主轴修调100%	31	1	H	31	1	H
主轴正转	34	5	H	34	5	H	快速修调减	33	0	H	33	0	H
主轴停止	34	6	H	34	6	H	快速修调加	33	2	H	33	2	H
主轴反转	34	7	H	34	7	H	快速修调100%	33	1	H	33	1	H

图 8-10　操作面板输入/输出点定义

④ 位　指该项功能在组里的有效位，一个字节共有 8 个数据位，所以该项的有效数字为 0 ~ 7，若该项被屏蔽掉则会显示“ * ”。

⑤ 有效　指在何种情况下该位处于有效状态，一般是指高电平有效还是低电平有效。如果是高电平有效，则填“H”，否则填“L”；当该功能被屏蔽掉时，该项同样也会显示

“＊”。注意：要避免同一个输入点被重复定义，如“自动”定义为X40.1，其他方式就不要再定义为X40.1了。

2）输入/输出点的修改　以操作面板点定义中的“自动”为例，对其输入/输出点进行编辑。

现假设“自动”这一方式在30组1位，低电平有效，则修改方法如下：

把蓝色亮条移到自动方式的输入点的组这一栏；按Enter键蓝色亮条所指选项的颜色和背景都会发生变化，同时有一光标闪烁；将30改为40，按Enter键即可；按Enter键把蓝色光条移到输入点的位这一栏；按Enter键，将0改为1，按Enter键即可；按Enter键把光标移到输入点的有效这一栏；按Enter键，将H改为L，按Enter键即可。其他点的修改类似。这样就完成了整个修改过程。

8.3.3 PLC故障的诊断方法

（1）根据报警信号诊断故障。

（2）根据动作顺序诊断故障。

（3）根据控制对象的工作原理诊断故障。

（4）根据PLC的I/O状态诊断故障。

（5）通过PLC梯形图诊断故障。

（6）通过动态跟踪梯形图诊断故障。

8.4 实训步骤与内容

项目一　标准PLC调试的内容及方法

1. 实训步骤

（1）首先掌握标准PLC调试的方法。

（2）在系统运行正常后，进行标准PLC的调试。

2. 实训内容

（1）标准PLC调试的内容　操作数控装置，进入输入/输出开关量显示状态，对照电气图，逐个检查PLC输入、输出点的连接和逻辑关系是否正确。

检查机床超程限位开关是否有效，报警显示是否正确。

（2）标准PLC调试的方法　通常按下列步骤调试、检查PLC。

1）在PLC状态中观察所需的输入开关量（*X*变量）或系统变量（*R*、*G*、*F*、*P*、*B*变量）是否正确输入，若没有，则检查外部电路；对于M、S、T指令，应该编写一段包含该指令的零件程序，用自动或单段的方式执行该程序，在执行的过程中观察相应的变量（因为在MDI方式正在执行的过程中是不能观察PLC状态的）。

2）在PLC状态中观察所需的输出开关量（*Y*变量）或系统变量（*R*、*G*、*F*、*P*、*B*变量）是否正确输出。若没有，则检查PLC源程序。

3）检查由输出开关量（*Y*变量）直接控制的电子开关或继电器是否动作。若没有动作，则检查连线。

4）检查由继电器控制的接触器等开关是否动作。若没有动作，则检查连线。

5）检查执行单元，包括主轴电动机、步进电动机、伺服电动机等。

项目二　标准 PLC 的修改与调试

1. 实训步骤

（1）首先掌握标准 PLC 的修改与调试。

（2）在系统运行正常后，进行标准 PLC 的调试。

2. 实训内容

（1）主轴挡位及输出点定义　配置界面主要用电磁离合器换挡和高低速自动换挡，高低速自动换挡是指通过高、低速线圈切换来选择高挡或低挡。

主轴速度调节，自动换挡选项为“Y”时，配置界面定义的输出点才有效；在变频换挡或手动换挡选项为“Y”时，应关闭选项中的所有输出点。

（2）主轴转速的调整　表 8-2 列出的是变频器的最大输出频率，即变频器在接收到最大信号量时所输出的频率。变频器的输出频率和主轴转速可以通过变频器的输出频率显示来读出。

填写表 8-2，了解主轴转速控制的实现。

表 8-2　主轴转速控制

变频器最大频率/Hz	电动机最大转速/(r/min)	设定转速下限/上限/(r/min)	实测电动机下限/上限/(r/min)	系统给定转速/(r/min)	变频器输出频率/Hz	系统模拟电压值/V
100	3000	50/3000	50/3000	1000		
100	1500	50/1500	50/1500	1000		
50	3000	50/3000	50/3000	1000		
50	1500	50/1500	50/1500	1000		

（3）刀架信号输入点定义的设置　从配置界面可知，系统刀架支持刀具总数为 4 把，输入的组为第 1 组（本配置系统只支持刀具的所有输入点在同一个组），输入的有效位为 4 位，分别是 X1. 1、X1. 2、X1. 3、X1. 4，其中 1 号刀对应的输入点是 X1. 1，2 号刀对应的输入点是 X1. 2，3 号刀对应的输入点是 1. 3，4 号刀对应的输入点是 X1. 4。

1）刀架的正转输出为 Y0. 3，反转为 Y0. 4。如果 PLC 这样设置，编译后系统应该可以正常运行。在刀架运转正常的情况下，将 PLC 的刀架正反转输出信号 Y0. 3、Y0. 4 进行互换，重新编译后，记录运转刀架有什么现象并分析原因。

2）将电源断开，把输入转接板的刀架到位信号 X1. 3、X1. 4 的输入位置向后平移两个点，重新通电后进行换刀操作，观察现象，分析原因。

（4）自动润滑功能的设定

1）进入 PLC 的编辑状态，定义自动润滑开的输出信号点为 Y0. 6。

2）退出 PLC 并进行重新编译。

3）修改系统参数中的用户 PLC 参数，设定自动润滑开始的间隔时间以及每次润滑的持续时间。

4）进入系统，观察输出信号 Y0. 6 是否有输出，且其输出时间的长短是否与定义的相一致。

5）修改自动润滑开始的间隔时间以及每次润滑的持续时间，观察 Y0. 6 输出信号的变化。

（5）用实训台所带“乒乓”开关控制主轴正反转

1）进入车床标准PLC的编辑状态，按Alt+K键进入车床面板操作按键输入点的定义。

2）找到主轴正反转的输入定义点，分别更改为“乒乓”开关的输入点（X0.6、X0.7）。

3）退出标准PLC并进行编译，完成利用“乒乓”开关控制主轴正反转运行。

8.5　实训报告与思考

1. 标准PLC操作能否实现所有PLC的端口修改操作？

2. 在实训台上设置手动换挡功能后，运行一段含有主轴转速变化指令的加工程序，观察系统能否顺利执行指令？

3. 如何通过PLC设定，开启面板卡盘夹紧、松开操作按键功能？

学习领域9　PLC编程与调试

9.1　实训目的与要求

（1）了解华中数控系统内置式PLC的基本原理和结构。

（2）了解用C语言编写PLC源程序的方法，掌握PLC源程序在华中数控系统中的编译和调试方法。

（3）通过简单的PLC源程序的编写和调试，为深入理解PLC运行机理和更好地诊断数控机床故障做准备。

9.2　实训仪器与设备

（1）数控系统综合实训台一套。

（2）专用连接线一套，键盘一套。

9.3　相关知识概述

9.3.1　华中数控系统内置式PLC的基本原理

华中数控系统内置式PLC采用C语言进行编程。C语言简洁、紧凑，使用方便、灵活，移植性好，可用于任何通用微型计算机中；表达和运算能力强，可以实现梯形图法和指令编程法难以实现且复杂的逻辑控制功能；但使用者需具有一定的C语言编程的基本知识。

1. 华中数控系统内置式PLC的结构及相关寄存器的访问

华中铣削数控系统的PLC为内置式PLC，其逻辑结构如图9-1所示，其中：

X（X寄存器）为机床输出到PLC的开关信号，最大可有128组（或称字节，下同）。

Y（Y寄存器）为PLC输出到机床的开关信号，最大可有128组。

R寄存器为PLC内部中间寄存器，共有768组。

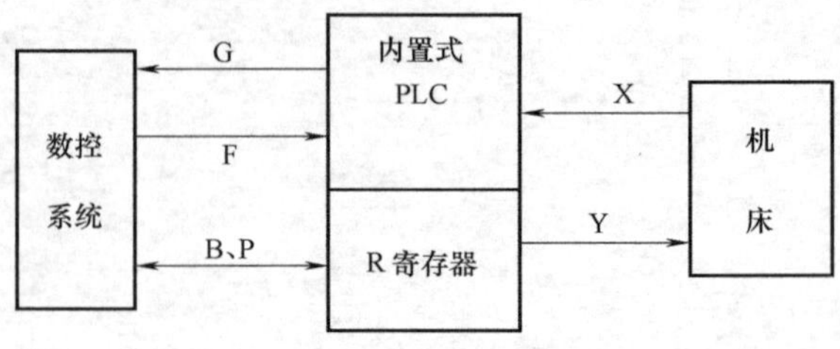

图9-1　华中铣削数控系统内置式PLC的逻辑结构

G（G寄存器）为PLC输出到计算机数控系统的开关信号，最大可有256组。

F（F寄存器）为计算机数控系统输出到PLC的开关信号，最大可有256组。

P（P寄存器）为PLC的外部参数，可由机床用户设置（运行参数子菜单中的PMC用户参数命令即可设置），共有100组。

B（B寄存器）为断电保护信息，共有100组。

X、Y寄存器会随不同的数控机床而有所不同，主要与机床的输入/输出开关信号（如限位开关、控制面板开关等）有关。但X、Y寄存器一旦定义好，就不能软件只用更改寄存器各位的定义；如果要更改，则必须更改相应的硬件接口或接线端子。

R寄存器是PLC内部的中间寄存器，可由PLC软件任意使用。如果为梯形图编程，则R000～R199为用户自定义；R200～R767为系统内部调用。

G、F寄存器各位的定义是由数控系统与PLC事先约定好的，PLC硬件和软件都不能更改其寄存器各位（bit）的定义。

P寄存器可由PLC程序与机床用户任意自行定义。

对于各寄存器，系统提供了相关变量供用户灵活使用。

首先，介绍访问中间继电器R的变量定义。对于PLC来说，R寄存器是一块内存区域，系统定义如下指针对其进行访问：

```
extern unsigned char R[ ];// 以无符号字符型存取R寄存器。
```

注：对于C语言，数组即相当于指向相应存储区的地址指针。

同时，为了方便对R寄存器内存区域进行操作，系统定义了如下类型指针（无符号字符型、字符型、无符号整型、整型、无符号长整型、长整型）对该内存区进行访问，即这些地址指针在系统初始化时被初始化为指向同一地址。

```
extern unsigned char R_uc[ ];//  以无符号字符型存取R寄存器
extern char          R_c[ ];//   以字符型存取R寄存器
extern unsigned      R_ui[ ];//  以无符号整型存取R寄存器
extern int           R_i [ ];//  以整型存取R寄存器
extern unsigned long R_ul[ ];//  以无符号长整型存取R寄存器
extern long          R_l[ ];//   以长整型存取R寄存器
```

2. 华中数控系统内置式PLC的软件结构及其运行过程

（1）和一般C语言程序都必须提供Main（）函数一样，用户编写内置式PLC的C语言程序必须提供如下系统函数定义及系统变量值：

```
extern void init(void);//   初始化PLC
extern unsigned plc1_time;//   函数plc1()的运行周期，单位:ms
extern void plcl(void);//   PLC程序入口1
extern unsigned plc2_time;//   函数plc2()的运行周期,单位:ms
extern void plc2(void);//   PLC程序入口2
```

其中：

1）函数init（）是用户PLC程序的初始化函数，系统将只在初始化时调用该函数一次。该函数一般设置系统M、S、B、T等辅助功能的响应函数及系统复位的初始化工作。

2）变量plc1_ time及plc2_ time的值分别表示plc1（）、plc2（）函数被系统周期调用的周期时间，单位：ms。系统推荐值分别为16ms及32ms，即plc1_ time = 16，plc2_ time = 32。

3）函数plc1（）及plc2（）分别表示数控系统调用PLC程序的入口，其调用周期分别由变量 plc1_ time 及 plc2_ time 指定。

(2) 系统初始化 PLC 时，将调用 PLC 提供的 init ( ) 函数（该函数只被调用一次）。在系统初始化完成后，数控系统将周期性地运行如下过程：

1) 从硬件端口及数控系统成批读入所有 X、F、P 寄存器的内容；

2) 如果 plc1_ time 所指定的周期时间已到，调用函数 plc1 ( )；

3) 如果 plc2_ time 所指定的周期时间已到，调用函数 plc2 ( )；

4) 系统成批输出 G、Y、B 寄存器。

(3) 一般地，plc1_ time 总是小于 plc2_ time，即函数 plc1 ( ) 较 plc2 ( ) 调用的频率要高。因此，在华中数控系统中，称函数 plc1 ( ) 为 PLC 高速扫描进程，plc2 ( ) 为低速扫描进程。

9.3.2 C 语言基础知识

通过对 C 语言有关操作运算符知识的复习，使大家对随后用 C 语言编写 PLC 程序做好准备。运算符是一种向编译程序说明一个特定的数学或逻辑运算的符号。C 语言的运算符范围很宽，它把除了控制语句和输入/输出外的几乎所有的基本操作都作为运算符处理。

(1) 算术运算符　常用算术运算符见表 9-1。

表 9-1　常用算术运算符

优先级	运算符	含　义	要求运算对象个数	结合方向	例子(i=3)	结　果
2	++ -- - (类型)	自增,加 1 自减,减 1 负号 类型转换	1(单目运算符)	自右向左	++i --i -i (float)i	4 2 -3 3.00
3	* / %	乘 除 求余(模运算符)	2(双目运算符)	自左向右	3*2 8/3 3%5	6 2 3
4	+ -	加 减	2(双目运算符)	自左向右	3.0+6.0 9-1	9.0 8

注意：

1) 求余运算符“%”两侧均应为整型数据，如 7%4 的值为 3。

2) 两个整数相除结果为整数，并舍去小数部分，如 5/3 结果为 1。但如果除数或被除数中有一个为负数，则舍入的方向不固定，多数 C 语言规定“向 0 靠拢”。

3) 自增自减运算符的作用是使变量的值增 1 或减 1。自增“++”和自减“--”仅仅用于变量，而不能用于常量和表达式。“++”和“-”的结合方向是自右向左的，即对于“-i++”，相当于“-(i++)”。自增自减运算符常用于循环语句中，使循环变量自动加（减）1。例如

```
++i      /*相当于i=i+1,但在使用i之前,先使i值加1*/
i++      /*相当于i=i+1,但在使用i之后,再使i值加1*/
--i      /*相当于i=i-1,但在使用i之前,先使i值减1*/
i--      /*相当于i=i-1,但在使用i之后,再使i值减1*/
```

（2）关系运算符　关系运算符是比较两个操作数大小的符号。关系运算实际上是比较运算，将两个值进行比较，判断其比较的结果是否符合给定的条件。如果满足，关系表达式的值即为“真”，如果不满足，关系表达式的值即为“假”。在 C 语言中 true 可以是不为 0 的任何值，而 false 则为 0。C 语言提供的 6 种关系运算符见表 9-2。

表 9-2　关系运算符

优先级	运算符	含　义	要求运算对象个数	结合方向	例　子	结　果
6	<	小于	2(双目运算符)	自左向右	9 <10	1
	>	大于			9 >10	0
	< =	小于等于			9 < =10	1
	> =	大于等于			9 > =10	0
7	= =	等于	2(双目运算符)	自左向右	9 = =10	0
	! =	不等于			9! =10	1

使用关系运算符表达式时，若表达式为真（true），则返回 1，否则表达式为假（false），则返回 0。

（3）逻辑运算符　逻辑运算符是指用形式逻辑原则来建立数值间关系的符号。C 语言提供的 3 种逻辑运算符，见表 9-3。

表 9-3　逻辑运算符

优先级	运算符	含　义	要求运算对象个数	结合方向	例　子	结　果
2	!	逻辑非	1(单目运算符)	自右向左	! 10	0
11	&&	逻辑与	2(双目运算符)	自左向右	9&&10	1
12	||	逻辑或	2(双目运算符)	自左向右	0||10	1

（4）位运算符

1）常用运算操作符　位运算是对字节或字中的实际二进制位进行检测、设置或移位，常用运算操作符见表 9-4。这些字节或字必须是 char 型或 int 型数据和它们的变体。位运算符不能用于 float、double、void 或其他更复杂的数据类型。

表 9-4　常用运算操作符

优先级	运算符	含　义	要求运算对象个数	结合方向	例　子	结　果
2	~	按位取反	1(单目运算符)	自右向左	~3	-4
5	< <	左移	2(双目运算符)	自左向右	5 < <2	20
	> >	右移			5 > >2	1
8	&	按位与	2(双目运算符)	自左向右	3&5	1
9	^	按位异或	2(双目运算符)	自左向右	3^5	6
10	|	换位或	2(双目运算符)	自左向右	3|5	7

2）置 1 操作符“| =”和置 0 操作符“& = ~”　一般地，在 PLC 中 X0.1 表示的是 X 寄存器第 0 组的第一位，Y2.7 表示的是 Y 寄存器第二组的第七位。数字以 0x 开头的是十六进制表示法，在程序中用十六进制是为了更清楚地判断位的序数。

低位：　0x01　表示第 0 位

0x02 表示第 1 位
0x04 表示第 2 位
0x08 表示第 3 位
高位： 0x10 表示第 4 位
0x20 表示第 5 位
0x40 表示第 6 位
0x80 表示第 7 位

由此可见

“Y[2]|= 0x80”是将 Y2 寄存器第七位的值置 1。

“Y[2]&= ~0x80”是将 Y2 寄存器第七位的值置 0。

因此完全可以把“|=”当做置 1 操作符，而把“&=~”当做置 0 操作符。

3）位左移操作符“≪”和位右移操作符“≫” 在一些 PLC 源程序中有时可以使用如下 C 语句。

```
i_e2 =1≪(P[50]%10);
```

这里的“≪”就是位操作符，例如：

```
i_e1 =1≫(P[50]%10);
i_e2 =1≪(P[50]%10);
i_e3 =(P[50]%10)≫1;
i_e4 =(P[50]%10)≫1;
```

如已知 P[50]=403，即 P[50]等于 403，那么 P[50]%10 等于 3，上面的表达式就等价于

```
i_e1 =1≫3;  //1 即 0001  右移 3 位变成 0000，所以 i_e1 等于 0
i_e2 =1≪3;  //1 即 0001  左移 3 位变成 1000，所以 i_e2 等于 8
i_e3 =3≫1;  //3 即 0011  右移 1 位变成 0001，所以 i_e3 等于 1
i_e4 =3≪1;  //3 即 0011  左移 1 位变成 0110，所以 i_e4 等于 6
```

同样的，应该不难理解如下语句的意义：

```
#define x(g,b)            (X[g]&(1≪(b)))      //取 X[g]的第 b 位
#define set_x(g,b)        (X[g]|=1≪(b))       //设置 X[g]的第 b 位
#define clr_x(g,b)        (X[g]&=~(1≪(b)))    //清 X[g]的第 b 位
#define y(g,b)            (Y[g]&(1≪(b)))      //取 Y[g]的第 b 位
#define set_y(g,b)        (Y[g]|=1≪(b))       //设置 Y[g]的第 b 位
#define clr_y(g,b)        (Y[g]&=~(1≪(b)))    //清 Y[g]的第 b 位
#define bit(x,b)          ((x)&(1≪(b)))       //取 x 的第 b 位
#define set_bit(x,b)      ((x)|=1≪(b))        //设置 x 的第 b 位
#define clr_bit(x,b)      ((x)&=~(1≪(b)))     //清 x 的第 b 位
#define flag(f,m)         ((f)&(m))           //取 m 标志
#define set_flag(f,m)     ((f)|=(m))          //设置 m 标志
#define clr_flag(f,m)     ((f)&=~(m))         //清 m 标志
```

（5）赋值运算符 由赋值运算符将一个变量和一个表达式连接起来的式子称为“赋值

表达式”，其一般形式为

<变量><赋值运算符><表达式>

除了以上格式外，还有如下形式的“多重赋值表达式”

变量 1 = 变量 2 = 变量 3 = … = 变量 n = 表达式

赋值运算符的结合方向为自右向左。赋值表达式的值等于被赋值变量的值。

```
如：  a = b = c = 5;            /* 赋值表达式的值为 5,变量 a,b,c 的值均为 5 */
      a = 5 + (b = 6);          /* 表达式的值为 11,a 值为 11,b 值为 6 */
      a = (b = 10)/(c = 2);     /* 表达式的值为 5,a 值为 5,b 值为 10,c 值为 2 */
```

C 语言规定除了“ = ”赋值运算符外，还有 10 种复合赋值运算符：

```
+ =    如:a + = 6;    相当于 a = a + 6,即将 a + 移到等号( = )的右边紧跟在等号后面
- =    如:a - = 10;   相当于 a = a - 10
* =    如:a * = b;    相当于 a = a * b
/ =    如:a/ = 5;     相当于 a = a/5
% =    如:a% = 12;    相当于 a = a%12
≪ =    如:a≪ = 2;     相当于 a = a≪2
≫ =    如:a≫ = c;     相当于 a = a≫c
& =    如:a& = 16;    相当于 a = a&16
^ =    如:a^ = 127;   相当于 a = a^127
| =    如:a| = 32;    相当于 a = a|32
```

例如，a + = a - = a * a，也是一个赋值表达式。如果 a 的初值为 12，此表达式的求解过程为：先进行“a - = a * a”运算，它相当于 a = a - a * a = -132。再进行“a + = -132”的计算，它相当于 a = a + (-132) = -264。将赋值表达式作为表达式的一种，使赋值操作不仅可以出现在赋值语句中，而且可以以表达式形式出现在其他语句中（如输出语句、循环语句等）。

赋值运算符是双目运算符，处于同一优先级，优先级别为 14，其结合方向为自右向左。

9.4　实训步骤与内容

项目一　华中数控系统 PLC 程序的编译与调试

1. 实训步骤

（1）了解用 C 语言编写的 PLC 程序的编译和机床上载。

（2）通过简单 PLC 的程序实现机床上载并验证。

2. 实训内容

华中数控系统 PLC 程序的编译环境为：Borland C + + 3.1 和 MS-DOS 6.22。数控系统约定 PLC 源程序后缀为“.cld”，即“*.cld”文件为 PLC 源程序。

最简单的 PLC 程序只要包含系统必需的几个函数和变量定义即可编译运行，当然它什么事也不能做。本项目的主要目的是实现 PLC 源程序系统加载，具体程序编译和调试过程如下。

（1）在 DOS 环境下，进入数控系统软件 PLC 所安装的目录，如

C:\HNC-21TF\PLC

（2）在 DOS 提示符下键入如下命令：

C:\HNC-21\plc〉edit plc_ null. cld〈回车〉

此项操作的作用是建立一个文本文件，也就是用 C 语言编写的 PLC 源程序，并命名为“plc_ null. cld”，其文件内容为

```
//*
//plc_null. cld:
//PLC 程序空框架,保证可以编译运行,但什么功能也不提供
//版权所有:武汉华中数控股份有限公司,保留所有权利。
//http://huazhongcnc. com email:market@ huazhongcnc. com
#pragma inline
#Include"plc. h"            //PLC 系统头文件
void init( )                //PLC 初始化函数
    {
    }
void plc1(void)             //PLC 程序入口 1
    {
        plc1_time =16;      //系统将在 16ms 后再次调用 plc1( )函数
    }
void plc2(void)             //PLC 程序入口 2
    {
        Plc2_time =32;      //系统将在 32ms 后再次调用 plc2( )函数
    }
```

（3）铣床和车床标准 PLC 系统编译过程和加载方法如下。

1）铣床标准 PLC 系统编译过程和系统加载　退出编辑文本后，在数控系统的 PLC 目录下，输入如下命令（在车床标准 PLC 系统中，需自行编写 makeplc. bat 文件）：

C:\HNC-21\plc>makeplc plc_ null. cld〈回车〉

系统会响应如下内容：

```
        1 file(s)copied
  MAKE Version 3. 6 Copyright (c)1992 Borland International
  Available memory 64299008 bytes
        Bcc +plc. CFG -S plc. cld
Borland C++ Version 3. 1 Copyright (c) 1992 Borland International
plc. cld:
                Available memory 4199568
            TASM/MX/O Plc. ASM,PLC. OBJ
Turbo Assembler Version 3. 1 Copyright (c) 1988,1992 Borland International
  Assembling file:plc. ASM
```

```
     Error messages:None
   Warning messages:None
             Passes:1
  Remaining memory:421k
  tlink/t/v/m/c/Lc:\BC31\LIB@ MAKE0000. $ $ $
  Turbo Link Version 5.1 Copyright (c)1992 Borland International
      Warning: Debug info switch ignored for COM files
           1 file(s) copied
```

最后又回到 DOS 提示符下：C：\HNC-21\plc〉

这时表示 PLC 程序编译成功，编译结果为文件 Plc_ null. com。然后，更改数控软件系统配置文件 NCBIOS. CFG，并加上一行文本：device = C：\HNC-21\plc\plc_ null. com，让系统启动时加载新近编写的 PLC 程序，具体操作如下：

在 DOS 环境下，进入数控软件所安装的目录，如 C：\HNC-21，在 DOS 提示符下键入如下命令：C：\HNC-21〉 edit ncbios. cfg〈回车〉，即可编辑数控系统配置文件。一般情况下，配置文件的内容如下（具体内容因机床的不同而异）：

```
DEVICE =. \DRV\HNC-21. DRV   // 世纪星数控装置驱动程序
DEVICE =. \DRV\SV_CPG. DRV   // 伺服驱动程序
DEVICE = C:\HNC-21\plc\plc_null. com   // PLC 程序
PARMPATH =. \PARM            // 系统参数所在目录
DATAPATH =. \DATA            // 系统数据所在目录
PROGPATH =. \PROG            // 数控 G 代码程序所在目录
BINPATH =. \BIN              // 系统 BIN 文件所在目录
TMPPATH =. \TMP              // 系统临时文件所在目录
HLPPATH =. \HLP              // 系统帮助文件所在目录
NETPATH = X:                 // 网络路径
DISKPATH = A:                // 软盘
```

2）车床标准 PLC 系统编译过程和系统加载　退出后，在数控系统的 PLC 目录下，修改 M. bat 文件（M. bat 文件是建立的编译 PLC 源文件的批处理文件）。

原文件如下：

```
@ echo off
Copy plc-21. cpp . . \sys\plc. cld
Copy plc_map. h . . \sys\plc_map. h
Cd.
Cd sys
Call k. bat
Copy plc. com . . \plc\plc-21. com
Del plc. com
Cd plc
```

修改后的文件：

```
@ echo off
Copy  plc_null. cld . . \sys\plc. cld
Copy plc_map. h . . \sys\plc_map. h
  Cd. .
  Cd sys
  Call k. bat
  Copy plc. com . . \plc\ plc_null. com
  Del plc. com
  Cd plc
```

修改完后，此时仍然在 PLC 的目录下，这时运行 M. bat 文件，系统就会自动对 PLC 的源文件进行编译，其编译过程如下。

系统会响应：

```
        1 file(s)copied
   MAKE Version 3. 6 Copyright (c)1992 Borland International
   Available memory 64299008 bytes
      Bcc  +plc. CFG -S plc. cld
Borland C + + Version 3. 1 Copyright (c) 1992 Borland International
plc. cld:
                      Available memory 4199568
                    TASM/MX/O Plc. ASM,PLC. OBJ
Turbo Assembler Version 3. 1 Copyright (c) 1988,1992 Borland International
   Assembling file:plc. ASM
    Error messages:None
  Warning messages:None
        Passes:1
  Remaining memory:421k
  tlink/t/v/m/c/Lc:\BC31\LIB@ MAKE0000. $ $ $
  Turbo Link Version 5. 1 Copyright(c)1992 Borland International
     Warning: Debug info switch ignored for COM files
        1 file(s) copied
```

最后又回到 DOS 提示符下，即 C:\ HNC-21\ plc〉。

这时表示 PLC 程序编译成功，编译结果为文件 Plc_ null. com。然后，更改数控软件系统配置文件 NCBIOS. CFG，并加上一行文本：device = C:\ HNC-21tf \ plc \ plc_ null. com，让系统启动时加载新近编写的 PLC 程序，具体操作如下。

在 DOS 环境下，进入数控软件所安装的目录，如 C: \ HNC-21tf \ ；在 DOS 提示符下键入命令 C:\ HNC-21tf〉edit ncbios. cfg〈回车〉，即可编辑数控系统配置文件。一般情况下，配置文件的内容如下（具体内容因机床的不同而异）：

```
DEVICE =. \DRV\HNC-21. DRV              ;世纪星数控装置驱动程序
DEVICE =. \DRV\SV_CPG. DRV              ;伺服驱动程序
DEVICE = C:\HNC-21tf\plc\plc_null. com  ;PLC 程序
PARMPATH =. \PARM                       ; 系统参数所在目录
DATAPATH =. \DATA                       ; 系统数据所在目录
PROGPATH =. \PROG                       ; 数控 G 代码程序所在目录
BINPATH =. \BIN                         ; 系统 BIN 文件所在目录
TMPPATH =. \TMP                         ; 系统临时文件所在目录
HLPPATH =. \HLP                         ; 系统帮助文件所在目录
NETPATH = X:                            ; 网络路径
DISKPATH = A:                           ; 软盘
```

项目二　简单 PLC 程序的编写

1. 实训步骤

（1）了解 C 语言 PLC 程序编写方法。

（2）掌握编程方法后，在机床链接上载并验证。

2. 实训内容

下面通过三个由易到难的实例来阐述 C 语言 PLC 程序编写方法。本项目的主要任务是通过 PLC 程序举例说明，学会用 C 语言编写 PLC 程序的方法，能看懂机床 PLC 源程序，并为对其进行改进打下基础。

（1）任务一　实现 I/O 信号的读取与发出。

1）具体要求如下：

① 当按下自动按键时，自动按键灯亮；松开自动按键时，自动按键灯灭。

② 当循环启动按键灯和进给保持按键灯不都亮时，利用空运行按键由断开到接通的上升沿让循环启动按键灯亮并保持，而利用超程解除按键由接通到断开的下降沿让进给保持按键灯亮并保持；或者相反，当循环启动按键灯和进给保持按键灯同时亮时，利用空运行按键由断开到接通的上升沿或超程解除按键由接通到断开的下降沿，让循环启动按键灯和进给保持按键灯同时灭。

2）参考程序编写如下：

```
#pragma inline
#Include "plc. h"       //PLC 系统头文件
void init( )             //PLC 初始化函数
    {


    }
void plc1(void)
    {
      if(X[30]&0X01)
          Y[30]|=0X01;
```

```
    Else
      Y[30]& = ~0X01;
    If(((X[32]& ~R[0]&0X01)! =0)&&(Y[31]&0X40 =0))
      Y[31]| =0X40;
    If((( ~X[34]&R[2]&0X01)! =0)&&(Y[35]&0X40 =0))
      Y[35]| =0X40;
    If((((X[32]& ~R[0]&0X01)! =0)||(( ~X[34]&R[2]&0X01)! =0))&&
      ((Y[31]&Y[35]&0X40)! =0))
      { Y[35]& = ~0X40;
        Y[31]& = ~0X40;
      }
        R[0] =X[32];
        R[2] =X[34];
  }
void plc2(void)
```

（2）任务二　编写计数器与计时器及简单延时处理程序（已知 PLC1 的调用周期为 16ms）。

1）具体要求如下：

① 按下循环启动按键 10 下后，点亮进给保持键灯并保持。

② 当进给保持键灯保持点亮时，自动按键→回零按键→刀位转换按键→内卡/外卡按键→机床锁住按键→超程解除按键→定运行按键→自动按键按顺序完成一个循环，并且按键灯亮的时间为 2s。完成一个循环后，进给保持键灯灭。

2）参考程序编写如下：

```
#pragma inline
#Include "plc.h"     //PLC 系统头文件
void init()          //PLC 初始化函数
  {
  }
void plc1(void)
  {
    If ((X[31]& ~R[0]&0X40)! =0)
      { R[20] + =1;
      Y[X31]| =0X40;
      }
    Else
      Y[X31]& = ~0X40;
    If(R[20] > =10)
      Y[35]| =0X40;
      R[0] =X[31];
```

```
If (R_ui[100/4] < =20100)
  {If((Y[35]&0X40)! =0)
  R_ui[100/4] + =16;
  }
Else
  { R_ui[100/4] =0;
    R[20] =0;
    Y[35]& = ~0X40;
    Y[30]& = ~0X01;
  Y[30]& = ~0Xff;
  Y[32]& = ~0Xff;
  Y[34]& = ~0Xff;
  }
If(R_ui[100/4] >10&& R_ui[100/4] < =2000)
   Y[30]| =0X01;
  Else If(R_ui[100/4] >2000&& R_ui[100/4] < =4000)
    { Y[30]| =0X10;
      Y[30]& = ~0X01;
    }
   Else If(R_ui[100/4] >4000&& R_ui[100/4] < =6000)
    { Y[30]| =0X80;
      Y[30]& = ~0X10;
    }
  Else If(R_ui[100/4] >6000&& R_ui[100/4] < =8000)
    { Y[32]| =0X80;
      Y[30]& = ~0X80;
    }
  Else If(R_ui[100/4] >8000&& R_ui[100/4] < =10000)
    { Y[34]| =0X80;
      Y[32]& = ~0X80;
    }
  Else If(R_ui[100/4] >10000&& R_ui[100/4] < =12000)
    { Y[34]| =0X10;
      Y[34]& = ~0X80;
    }
  Else If(R_ui[100/4] >12000&& R_ui[100/4] < =14000)
    { Y[34]| =0X01;
      Y[34]& = ~0X10;
```

```
        }
      Else If(R_ui[100/4]>14000&& R_ui[100/4]<=16000)
        { Y[32]|=0X01;
          Y[34]&=~0X01;
        }
      Else If(R_ui[100/4]>18000&& R_ui[100/4]<=20000)
        { Y[30]|=0X01;
          Y[32]&=~0X01;
        }
    }
void plc2(void)
    {
    }
```

(3) 任务三 主轴的控制。

1) 具体要求如下:

① 首先设定一个起动速度。通过正转按键、反转按键和停止按键可以实现主轴的正转、反转和停止旋转，并且正反转互锁。

② 在主轴旋转时，可以通过主轴修调按键“-”和“+”来增加或减少速度，而按下“100%”按键则恢复设定的起动速度。

2) 参考程序编写如下:

```
#pragma inline
#Include "plc. h"
void init( )
    {
      Y_i[28/2]=3000;
    }
void plc1(void)
    {
      If(((X[34]&0X20)!=0)&&((Y[34]&0X80)=0))
        { Y[34]|=0X20;
          Y[0]|=0X01;
        }
      Else if(((X[34]&0X80)!=0)&&((Y[34]&0X20)=0))
        { Y[34]|=0X80;
          Y[0]|=0X02;
        }
      Else If(X[34]&0X40)
        { Y[34]&=~0X20;
          Y[34]&=~0X80;
```

```
        Y[0]&= ~0X01;
        Y[0]&= ~0X02;
      }
    If((X[31]&0X01)!=0)&&(Y_i[28/2]<=61439))
      {Y_i[28/2]+=100;
       Y[31]&=0X01;
      }
    Else
      Y[31]&= ~0X01;
    If((X[31]&0X04)!=0)&&(Y_i[28/2]>=-61439))
      {Y_i[28/2]+=-100;
        Y[31]|=0X04;
        }
    Else
      Y[31]&= ~0X04;
    If((X[31]&0X02)!=0)
       {Y_i[28/2]=3000;
         Y[31]|=0X02;
       }
    Else
      Y[31]&= ~0X02;
  }
void plc2(void)
  {
  }
```

9.5 实训报告与思考

1. 分析和调试任务一、任务二和任务三，分别写出PLC程序每步执行的内容和调试结果。

2. 根据下面所提出的要求分别编写PLC程序，使其能实现要求的功能。

（1）通过按键的定义，编写一个按键灯亮的循环程序。

（2）编写一个体现出计数和延时的PLC程序。

（3）用华中数控系统内置PLC实现如下逻辑：

X1.3、X1.4采用两个“乒乓”开关输入低电平（即系统称为100）实现。而KA6、KA7在HC5301—R型输出继电器板上。继电器接线如图9-2所示。

（4）自行用C语言编程，实现如下逻辑：

X1.3采用“乒乓”开关输入低电平（即系统称为100）实现。而KA6、KA7在HC5301—R型输出继电器板上，接线如图9-3所示。

（5）思考如何实现用实训台所带的“乒乓”开关控制主轴的正反转。

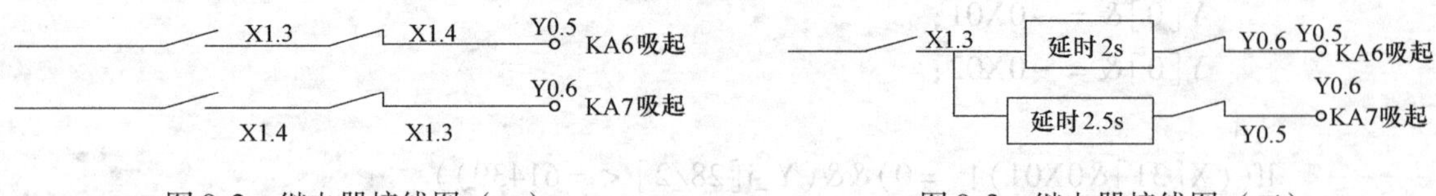

图9-2 继电器接线图（一） 图9-3 继电器接线图（二）

3. 根据给出的PLC程序，进行PLC源程序分析、编译与调试，并在实训台上验证。

```
#pragma inline
#include "plc. h"
void init(void){}
void time_lamp()
  {if(x[31]&0x40){Y[35]&= ~0x40;Y[31]|=0x40;}
   if(x[35]&0x40){Y[31]&= ~0x40;Y[35]|=0x40;}
     if(R-ui[100/2]<20000)
        {if(Y[31]&0x40) R-ui[100/2]+=16;}
   else
          R-ui[100/2]=0;
          Y[31]&= ~0x38;
          Y[33]&= ~0x38;
          Y[35]&= ~0x38;
   If(R-ui[100/2]<4000)                Y[31]|=0x08;
    else if(R-ui[100/2]<7500)          Y[31]|=0x10;
    else if(R-ui[100/2]<10500)         Y[31]|=0x20;
    else if(R-ui[100/2]<13000)         Y[33]|=0x20;
    else if(R-ui[100/2]<15000)         Y[35]|=0x20;
    else if(R-ui[100/2]<16500)         Y[35]|=0x10;
    else if(R-ui[100/2]<17500)         Y[35]|=0x08;
    else if(R-ui[100/2]<18000)         Y[33]|=0x08;
    else if(R-ui[100/2]<18500)         Y[33]&= ~0x10;
    else if(R-ui[100/2]<19000)         Y[33]|=0x10;
    else if(R-ui[100/2]<19500)         Y[33]&= ~0x10;
    else if(R-ui[100/2]<20000)         Y[33]|=0x10;
  }
void plcl (void)
       {time_lamp();}
void plc2(void){}
```

请根据上述程序的内容，分析动作过程，并在实训台上验证。

学习领域10　梯形图程序的编写

10.1　实训目的与要求

（1）了解华中数控系统梯形图软件的使用环境和软件的使用特点。

（2）掌握简单的PLC梯形图程序的编写和调试。

10.2　实训仪器与设备

（1）数控系统综合实训台一套。

（2）专用连接线一套，键盘一套。

（3）电脑一台。

（4）华中数控系统梯形图程序开发软件HNC-PLCCAD。

10.3　相关知识概述

10.3.1　华中数控系统梯形图寄存器说明

华中数控系统寄存器简介及PLC端子的定义，请参考9.3相关知识概述的介绍，这也是应用PLC软件编写梯形图的基础。

10.3.2　华中数控系统梯形图元件介绍

华中数控系统梯形图程序开发软件常用的图元件即基本指令和功能模块如图10-1所示。在图元树的工程中，选择初始化、plc1、plc2或全部信息，都可以进行梯形图的输入。首先在图元树的绘图框中选择一个元件，然后在编辑窗口中双击，就可以在点击处加入所选的元件；如果选择的是竖线，则在点击处加入竖线。也可以在编辑窗口中单击，先选择一个位置，然后点击工具栏中的元件，就可以在选定的位置加入此元件；如果在工具栏点击的是竖线，则在选定位置的单元后面加入竖线。

10.3.3　华中数控系统梯形图的安装及使用

1. 华中数控系统梯形图安装过程

点击安装文件中的Setup.exe文件，按顺序出现的指示图安装如下，除输入用户名、公司名称和序列号（序列号为1）外，都选择“下一步（N）＞”或“是（Y）”继续安装，顺序如图10-2、图10-3、图10-4、图10-5、图10-6、图10-7、图10-8所示。

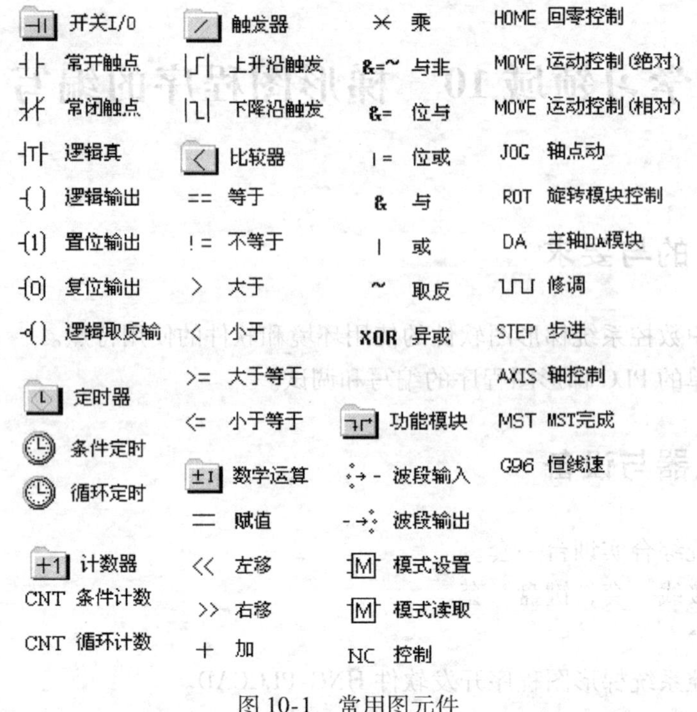

图 10-1 常用图元件

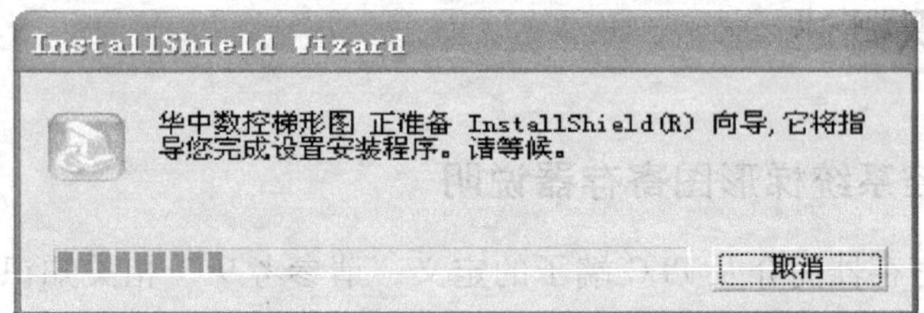

图 10-2 华中数控系统梯形图安装步骤图（一）

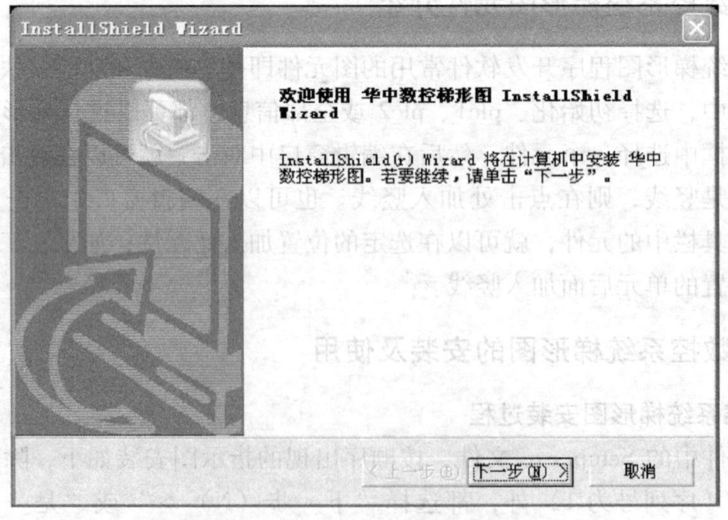

图 10-3 华中数控系统梯形图安装步骤图（二）

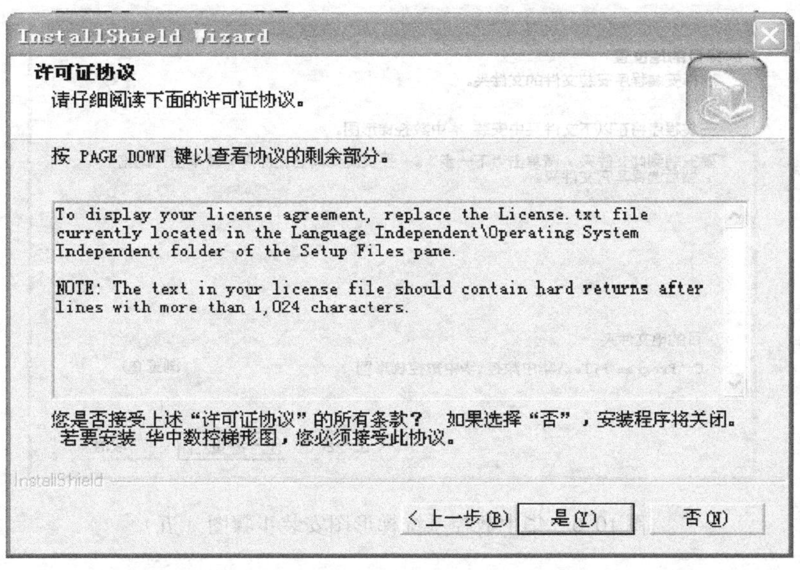

图 10-4　华中数控系统梯形图安装步骤图（三）

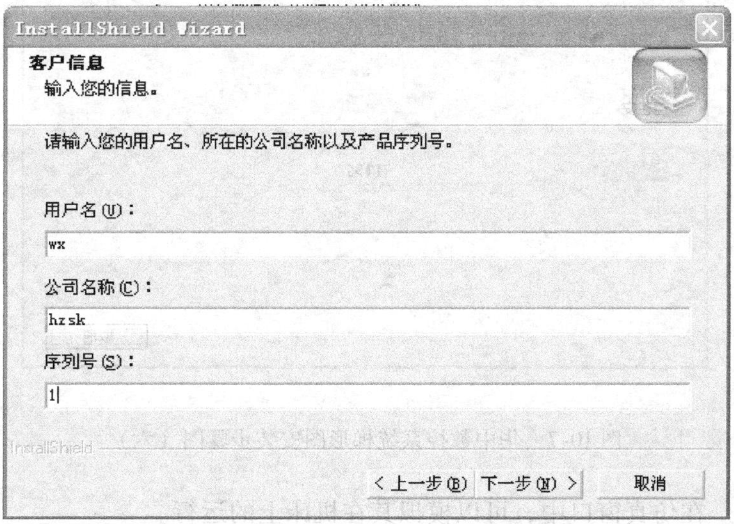

图 10-5　华中数控系统梯形图安装步骤图（四）

2. 华中数控系统梯形图使用流程说明

打开 HNC-PLCCAD 软件，首先通过工具菜单设定平台系统、机床类别、产品型号类型后，按以下流程编写梯形图。

（1）编辑　在编辑框中，首先画出梯形图，然后点击工具栏中的编译图标或键盘 F9 键。如果画出的梯形图存在错误，消息框将弹出，并在其中显示错误信息。如果没有弹出消息框，则编辑成功。

（2）调试仿真　当梯形图编辑成功后，点击工具栏中的仿真图标或键盘 F5 键，将会出

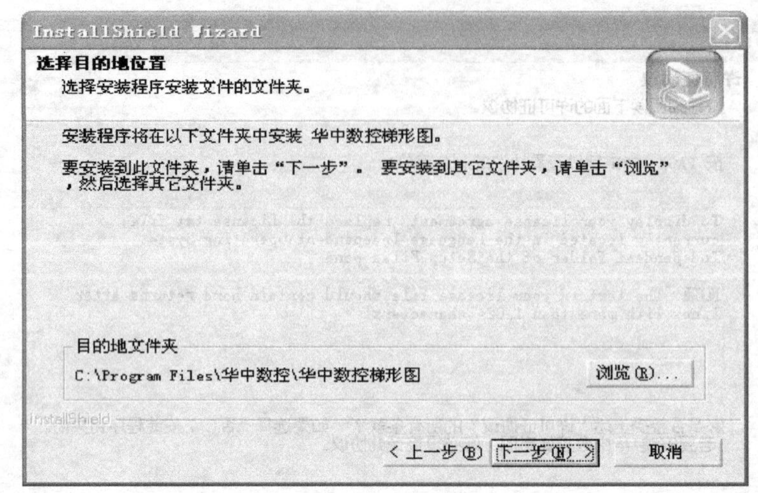

图 10-6　华中数控系统梯形图安装步骤图（五）

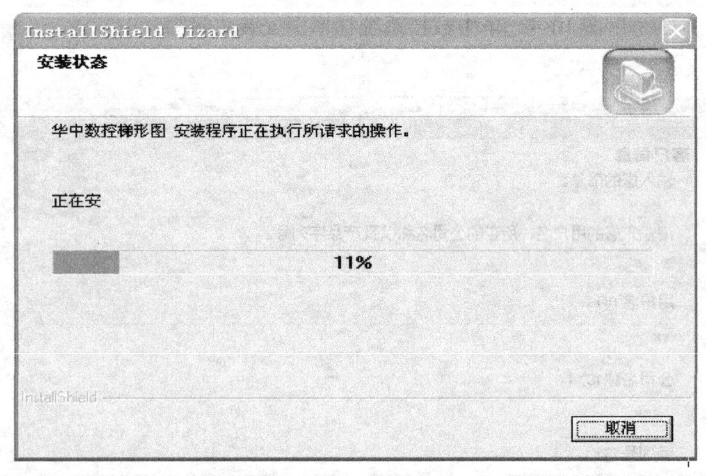

图 10-7　华中数控系统梯形图安装步骤图（六）

现调试仿真窗口。在仿真窗口中，可以模拟其在机床上的运行。

（3）生成 com 文件　当调试仿真后，选择菜单中的文件- >输出 com 文件，就可以在 PLC 文件夹下生成一个 cpp 文件和一个 com 文件，名字与梯形图名字相同。如果梯形图没有名字，则名字为 plc. cpp 和 plc. com。其中 cpp 文件是用梯形图转换成的 C 语言程序，而 com 文件是生成的执行文件。

（4）串口传输　当执行文件 com 文件生成以后，首先将 com 文件的名字改成数控系统所需要的名字，然后可以用串口传输软件将 com 文件传输到数控系统中或在系统配有软驱的情况下，可以通过 3. 5in 的软盘将文件从 PC 中拷贝到数控系统中。文件上载后，参照 PLC 程序 C 语言源代码的编译过程，将传输的 PLC 文件加载到系统。运行系统，观察所设计的功能是否正常，具体流程如图 10-9 所示。

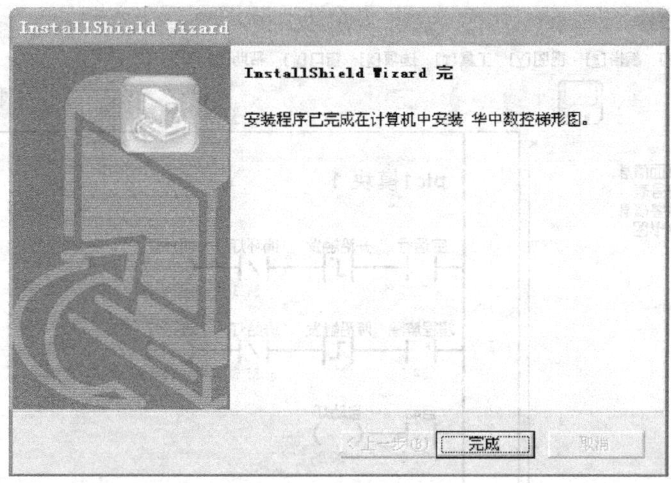

图 10-8　华中数控系统梯形图安装步骤图（七）

图 10-9　梯形图使用流程图

10.4　实训步骤与内容

项目一　基本元件的使用

1. 实训步骤

（1）学习 PLC 梯形图软件的使用方法。

（2）掌握基本指令的应用和实现执行文件在机床上的链接与验证。

2. 实训内容

通过利用梯形图编写两个小任务及在机床上验证的训练，熟练掌握梯形图软件的基本指令的应用。

（1）任务一　实现 I/O 信号的读取与发出。

1）具体要求如下：

① 当按下自动按键时，自动按键灯亮；相反，松开自动按键时，自动按键灯灭。

② 当“循环启动按键灯”和“进给保持按键灯”不都亮时，利用空运行按键由断开到接通的上升沿让循环启动按键灯亮并保持，利用超程解除按键由接通到断开的下降沿让“进给保持按键灯”亮并保持；相反，当循环启动按键灯和进给保持按键灯同时亮时，利用空运行按键由断开到接通的上升沿或超程解除按键接通到断开的下降沿，让循环启动按键灯和进给保持按键灯同时熄灭。

2）参考梯形图（一）程序如图 10-10 所示。

（2）任务二　计数器与计时器及简单延时处理程序（已知 PLC1 的调用周期为 16ms）。

1）具体要求如下：

① 按下循环启动按键 10 下后，进给保持键点亮并保持。

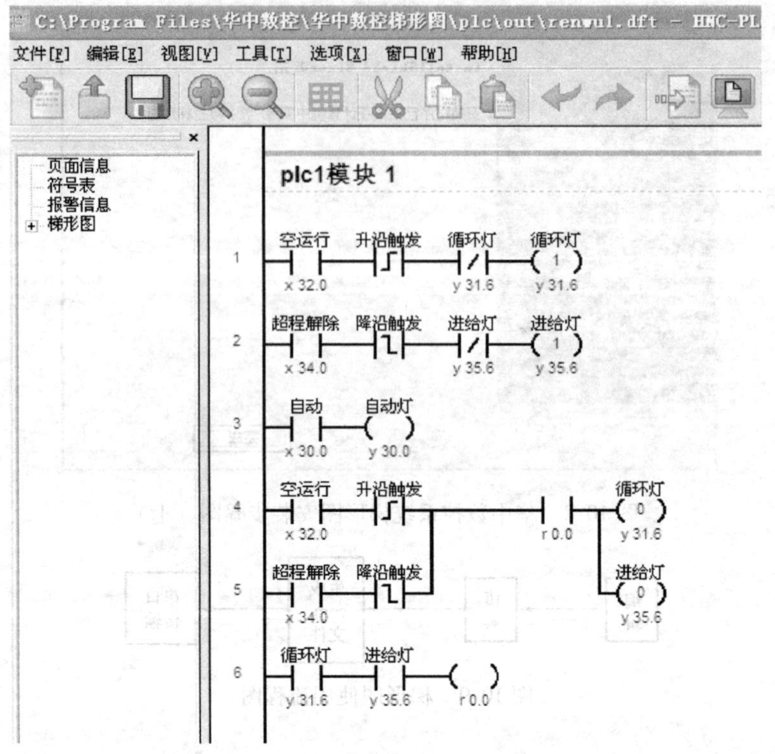

图 10-10 参考梯形图（一）

② 当进给保持键亮时，各灯的按键，按照自动按键→回零按键→刀位转换按键→内卡/外卡按键→机床锁住按键→超程解除按键→定运行按键的顺序亮灭一个循环，并且按键亮的时间为 2s。完成一个循环后进给保持键灯灭。

2）参考梯形图程序如图 10-11 所示。

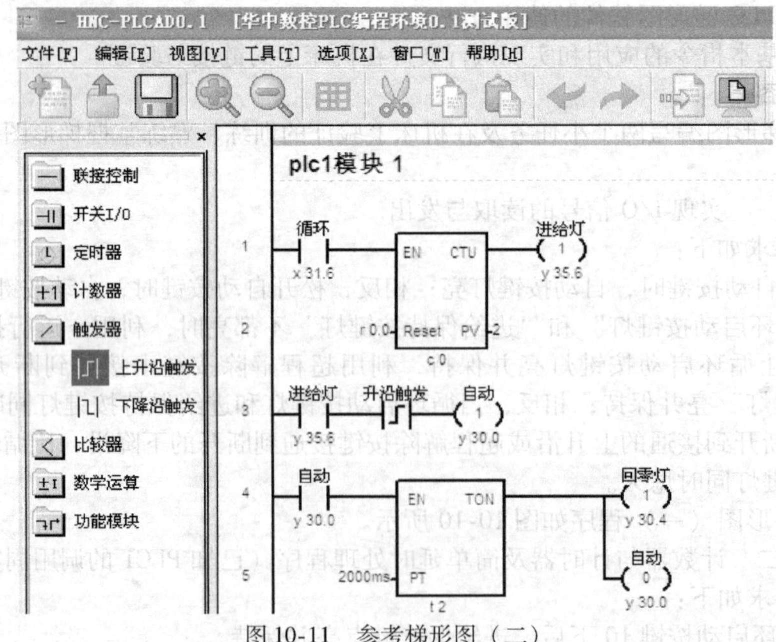

图 10-11 参考梯形图（二）

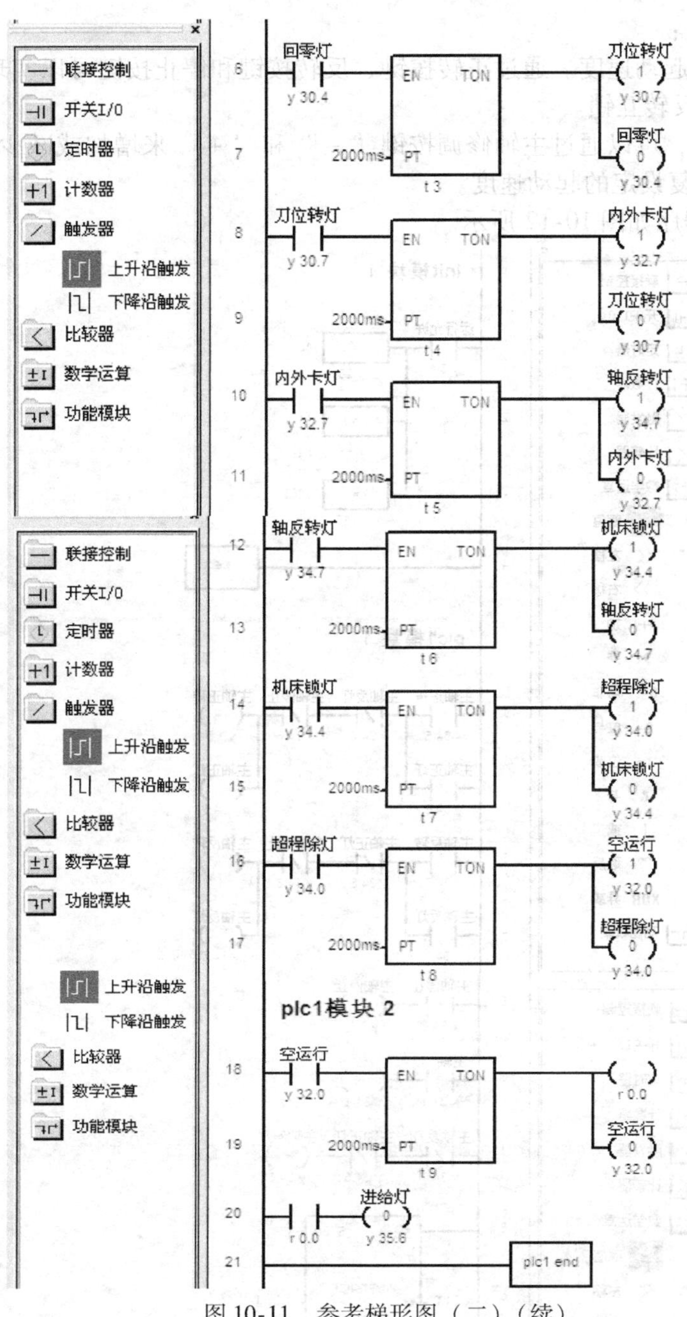

图 10-11　参考梯形图（二）（续）

项目二　功能模块的使用

1. 实训步骤

（1）学习 PLC 梯形图软件的功能指令使用方法。

（2）掌握功能指令的应用和实现执行文件在机床上的链接与验证。

2. 实训内容

任务　通过编写主轴转速变化控制的梯形图程序和机床验证，熟悉梯形图软件功能指令的应用。

1）具体要求如下：

① 首先设定一个起动速度。通过正转按键、反转按键和停止按键可以实现主轴的正转、反转和停止，并且正反转互锁。

② 在主轴旋转时，可以通过主轴修调按键“－”和“＋”来增加或减少速度，而按下“100%”按键则将恢复设定的起动速度。

2）参考梯形图程序如图10-12所示。

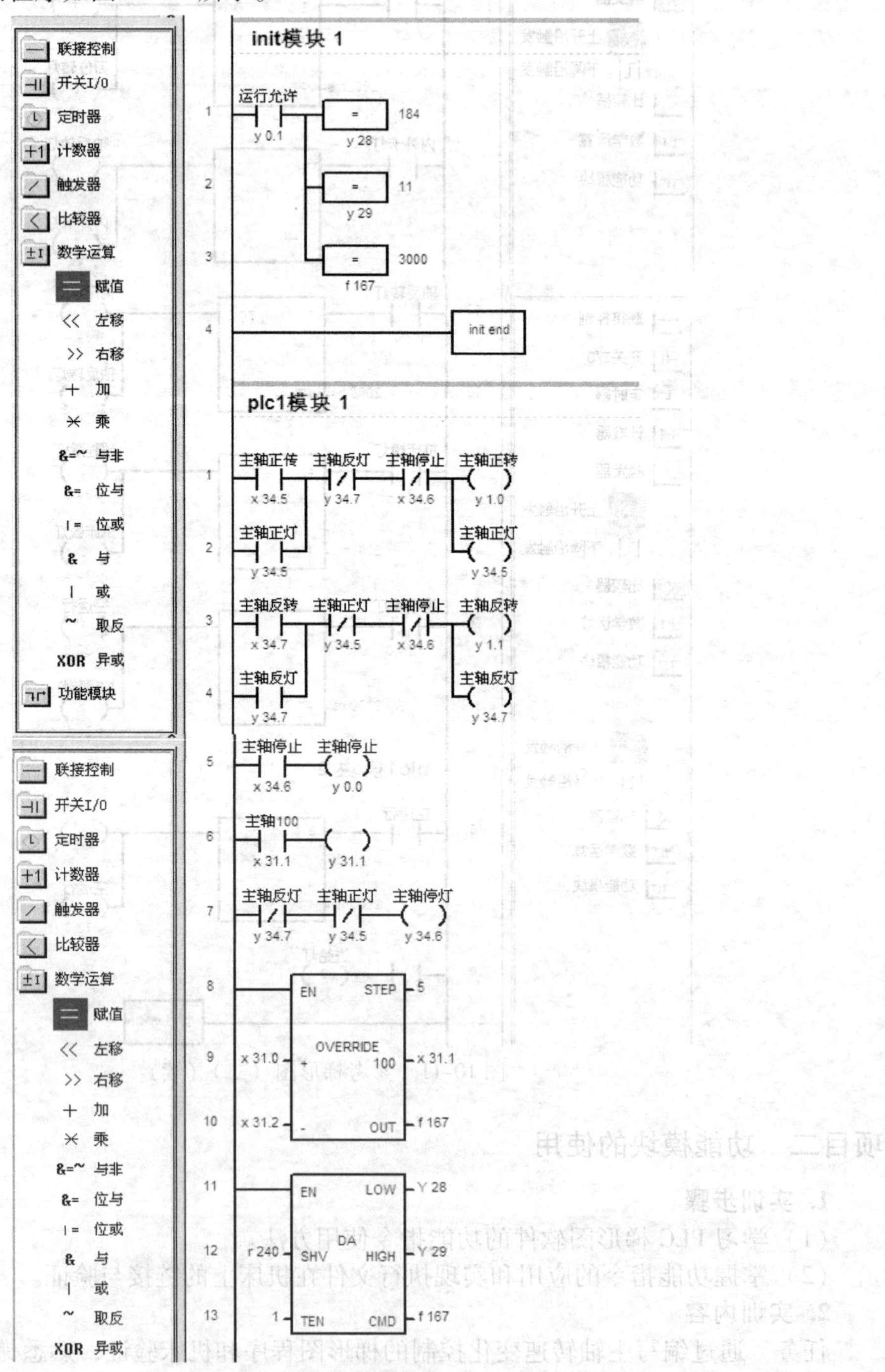

图10-12 参考梯形图（三）

10.5　实训报告与思考

1. PLC 编程

（1）新建一个 PLC 文件，如图 10-13 所示，然后将下面的程序输入到系统，并回答问题：程序上传到系统并加载后，分别按下自动按键和单段按键后，各会出现什么现象？如果将此程序中的置位输出换成逻辑输出并在系统加载后，与上面的现象有何不同？

（2）新建一个 PLC 文件，如图 10-14 所示，然后将下面的程序输入到系统中，并回答问题：将此程序编译后上传到系统并加载后，能够实现的动作是什么？

（3）新建一个 PLC 文件，如图 10-15 所示，然后将下面的程序输入到系统，并回答问题：将此程序编译后上传到系统并加载后，能够实现的动作是什么？

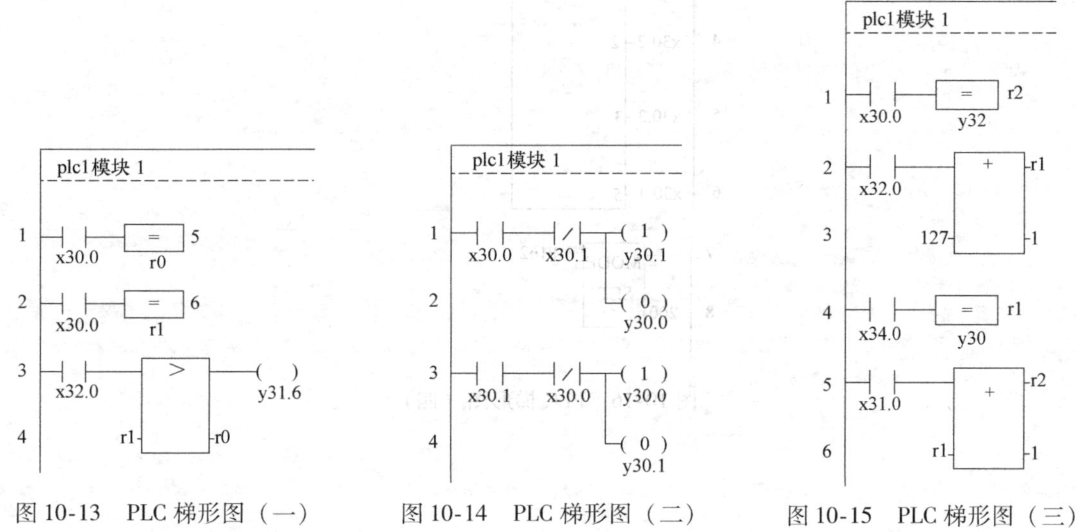

图 10-13　PLC 梯形图（一）　　图 10-14　PLC 梯形图（二）　　图 10-15　PLC 梯形图（三）

2. 设置工作模式

（1）了解如何设置工作模式，在 Init 中将 R200 赋初值，然后在 PLC 中调用模式设置，将 R200 的值赋给 g162。不同的初值对应不同的工作方式。

工作方式	R200 的值
自动	1
单段	9
手动	2
增量	3
手摇	4
回零	5

（2）在系统中输入如图 10-16 所示的程序，编译后上传到系统并加载，然后回答：按下自动、单段、手动、增量、手摇、回零按键后，各会出现什么现象？

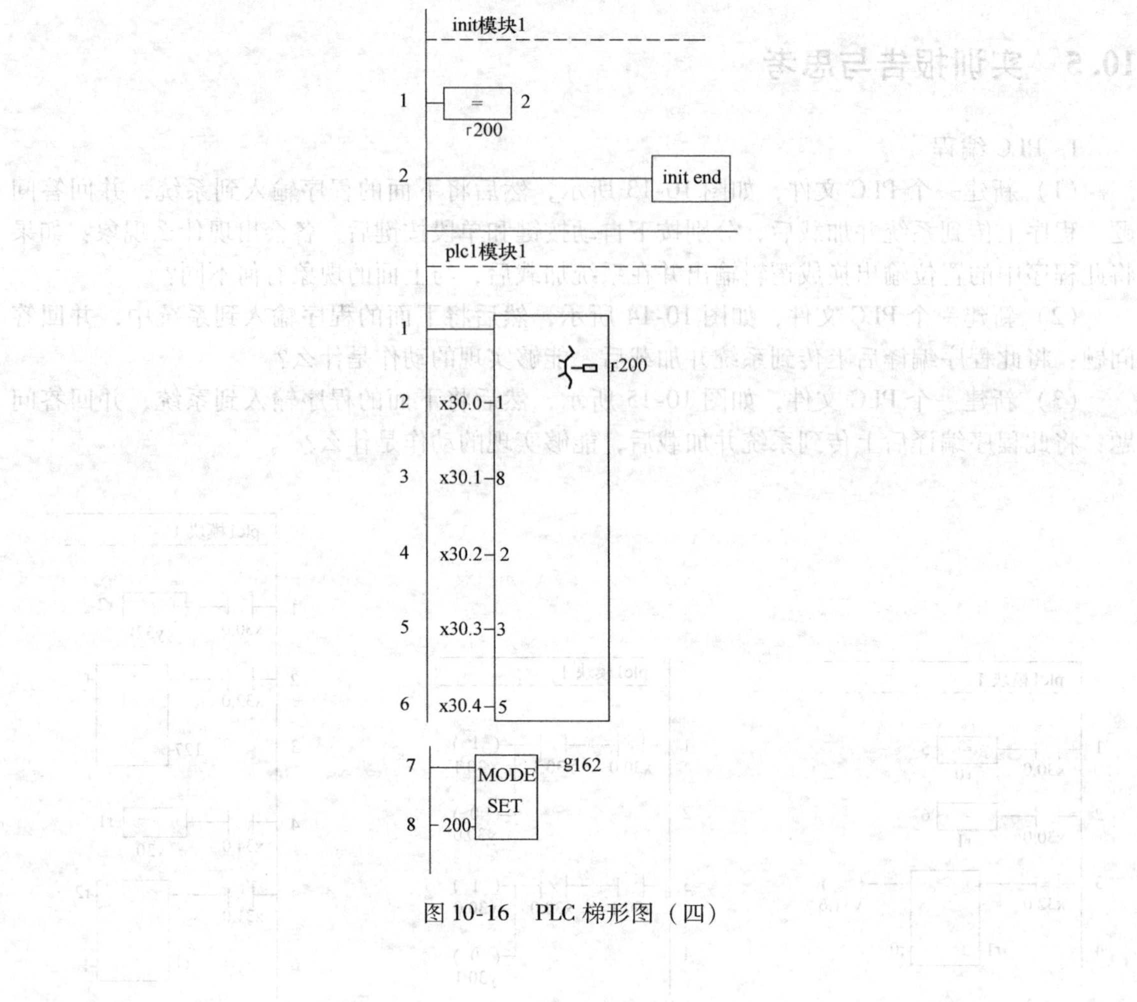

图 10-16 PLC 梯形图（四）

学习领域11 数控机床位置精度检验与补偿

11.1 实训目的与要求

（1）了解数控系统的位置误差补偿功能。
（2）掌握螺距误差补偿的方法。

11.2 实训仪器与设备

（1）数控机床一台。
（2）扳手、螺钉旋具等工具一套。
（3）步距规、百分表、磁力表座。

11.3 相关知识概述

11.3.1 数控机床精度的检验

数控机床加工的高精度最终是要靠机床本身的精度来保证，数控机床精度包括几何精度、定位精度和切削精度。另一方面，数控机床各项性能的好坏及数控功能能否正常发挥，将直接影响到机床的正常使用。因此，数控机床精度和性能的检验对初始使用的数控机床及维修调整后机床技术指标的恢复是很重要的。

1. 几何精度的检验

几何精度检验又称静态精度检验，是综合反映机床关键零部件经组装后的综合几何形状误差。数控机床的几何精度的检验工具和检验方法类似于普通机床，但检验要求更高。

几何精度检测必须在地基完全稳定、地脚螺栓处于压紧状态下，并按照 GB/T 17421.1—1998《机床检验通则　第1部分　在无负荷或精加工条件下机床的几何精度》有关条文安装调试好机床以后进行。考虑到地基可能随时间而变化，一般要求机床使用半年后，再复校一次几何精度。在几何精度检验时应注意测量方法及测量工具应用不当所引起的误差。在检验时，应按国家标准规定，即机床接通电源后，在预热状态下，机床各坐标轴往复运动几次，主轴按中等的转速运转10多分钟后进行。

目前，国内检验机床几何精度常用的检测工具有精密水平仪、精密方箱、直角尺、平尺、平行光管、千分表、测微仪、高精度检验棒等。检测工具的精度必须比所测的几何精度高一个等级，否则测量的结果将是不可信的。每项几何精度的具体检验方法可照 GB/T 17421.1—1998《机床检验通则　第1部分　在无负荷或精加工条件下机床的几何精度》、GB/T 16462.1—2007《数控车床和车削中心检验条件》中的第1部分、JB/T 8771.1～7—1998《加工中心检验条件》

等有关标准的要求进行，亦可按机床出厂时的几何精度检验项目要求进行。附录B给出卧式车床几何精度检验项目，附录C给出加工中心几何精度检验项目。

机床几何精度的检验必须在机床精调后依次完成，不允许调整一项检验一项，因为几何精度有些项目是相互关联、相互影响的。

2. 定位精度的检验

数控机床定位精度，是指机床各坐标轴在数控装置控制下运动所能达到的位置精度。数控机床的定位精度又可以理解为机床的运动精度。普通机床由手动进给，定位精度主要决定于读数误差，而数控机床的移动是靠数字程序指令实现的，故定位精度决定于数控系统和机械传动误差。机床各运动部件的运动是在数控装置的控制下完成的，各运动部件在程序指令控制下所能达到的精度，直接反映加工零件所能达到的精度，所以，定位精度是一项很重要的检验内容。

定位精度主要检验以下内容：

（1）各直线运动轴的定位精度和重复定位精度。

（2）直线运动各轴机械原点的复归精度。

（3）直线运动各轴的反向误差。

（4）回转运动（回转工作台）的定位精度和重复定位精度。

（5）回转运动的反向误差。

（6）回转轴原点的复归精度。

3. 切削精度的检验

机床的切削精度，又称动态精度，是一项综合精度，它不仅反映了机床的几何精度和定位精度，同时还包括了试件的材料、环境温度、刀具性能以及切削条件等各种因素造成的误差和计量误差。为了反映机床的真实精度，要尽量排除其他因素的影响。切削试件时可参照GB/T 17421.1—1998有关条文的要求进行，或按机床厂规定的条件，如试件材料、刀具技术要求、主轴转速、背吃刀量、进给速度、环境温度以及切削前的机床空运转时间等要求进行。切削精度检验可分单项加工精度检验和加工一个标准的综合性试件精度检验两种。

附录D为卧式加工中心切削精度检验项目。

11.3.2 数控机床位置精度的测试与补偿

1. 进给传动误差

机床进给传动装置的结构在数控机床进给传动装置中，一般由电动机通过联轴器带动滚珠丝杠旋转，由滚珠丝杠螺母机构将回转运动转换为直线运动。

（1）进给机构中的滚珠丝杠螺母机构的工作原理 滚珠丝杠螺母机构如图11-1所示，在丝杠和螺母上各加工有圆弧形螺旋槽，将它们套装起来形成螺母旋转副。此时，圆弧形螺旋槽即形成滚珠的螺旋形滚道。在滚道内装满滚珠。当丝杠相对螺母旋转时，丝杠的旋转面通过滚珠推动螺母轴向移动，同时滚珠沿螺旋形滚道滚动，使丝杠和螺母之间的

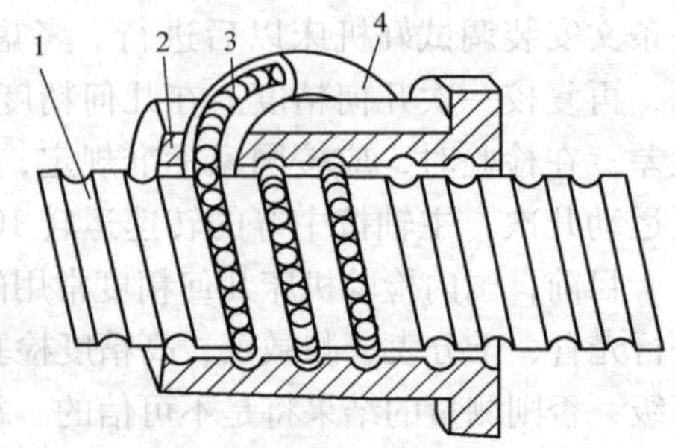

图11-1 滚珠丝杠螺母机构

1—丝杠 2—螺母 3—滚珠 4—回珠管

滑动摩擦转化为滚珠与丝杠、螺母之间的滚动摩擦。螺母螺旋槽的两端用回珠管连接起来，使滚珠能够从一端重新回到另一端，构成一个闭合的循环回路。

（2）进给传动误差 由于滚珠丝杠副（滚珠丝杠螺母机构）在加工和安装过程中存在误差，因此滚珠丝杠副将回转运动转换为直线运动时存在以下两种误差。

1）螺距误差，即丝杠导程的实际值与理论值的偏差。例如，$P_{Ⅲ}$滚珠丝杠的螺距公差为0.012/300mm。

2）反向间隙，即丝杠和螺母无相对转动时，丝杠和螺母之间的最大窜动。由于螺母结构本身的游隙以及其受轴向载荷后的弹性变形，滚动丝杠螺母机构存在轴向间隙。该轴向间隙在丝杠反向转动时表现为丝杠转动 α 角，而螺母未移动，形成了反向间隙。为了保证丝杠和螺母之间的灵活运动，必须有一定的反向间隙。但反向间隙过大将严重影响机床精度。因此，数控机床进给系统所使用的滚珠丝杠副必须有可靠的轴向间隙调节机构。

（3）电动机与丝杠的连接及传动方式 电动机与丝杠间常用的连接及传动方式有以下三种。

1）直联，即用联轴器将电动机轴和丝杠沿轴线连接起来，其传动比为1:1。该连接方式传动时无间隙。

2）同步带传动，即将同步带轮固定在电动机轴和丝杠上，用同步带传递转矩。该传动方式的传动比由同步带轮齿数比确定。该连接方式传动平稳，但有传动间隙。

3）齿轮传动，即电动机通过齿轮或齿轮箱将转矩传到丝杠，传动比可根据需要确定。该传动方式传递的转矩大，但有传动间隙。同步带传动、齿轮传动中的间隙是产生数控机床反向间隙差值的原因之一。

2. 数控机床软件补偿原理

数控机床的位置误差补偿功能是提高数控机床加工精度的一项重要功能。影响机床加工精度的进给传动元件——丝杠，经过切削加工或多或少会存在误差。另外，安装丝杠时丝杠螺母、支撑轴承都会存在安装间隙，这些因素都会直接影响机床的加工精度。数控系统利用其自身的补偿控制功能可以主动调整其进给位置，从而减少或消除误差，实现高精度加工。

误差补偿原理如下所述。

1）螺距补偿原理 数控机床软件补偿的基本原理是在机床坐标系中，在无补偿的条件下，在轴线测量行程内将测量行程等分为若干段，测量出各目标位置 P_i 的平均位置偏差 $\bar{x}_i\uparrow$，把平均位置偏差反向叠加到数控系统的插补指令上，如图11-2所示。指令要求沿 X 轴运动到目标位置 P_i，目标实际位置为 P_{ij}，该点的平均位置偏差为$\bar{x}_i\uparrow$；将该值输入系统，则CNC系统在计算时自动将目标位置 P_i 的平均位置偏差$\bar{x}_i\uparrow$叠加到插补指令上，实际运动位置为：$P_{ij}=P_i+\bar{x}_i\uparrow$，使误差部分抵消，实现误差的补偿。螺距误差可进行单向和双向补偿。

2）反向间隙补偿原理 反向间隙补偿又称为齿隙补偿。机械传动链在改变转向时，由于反向间隙的存在，会引起伺服电动机的空转，而无工作台的实际运动，又称失动。反向间隙补偿原理是在无补偿的条件下，在轴线测量行程内将测量行程等分为若干段，测量出各目标位置 P_i

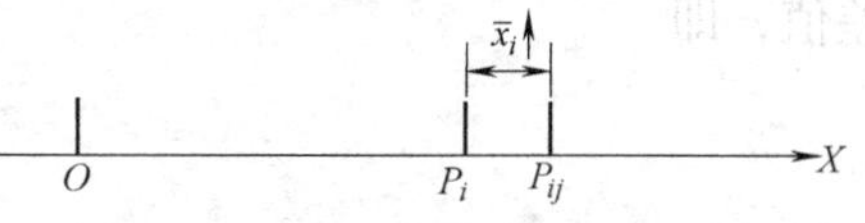

图11-2 丝杠螺距误差补偿原理

的平均反向差值$\overline{B}$，作为机床的补偿参数输入系统。CNC 系统在控制工作台运动时，先自动让工作台按$\overline{B}$值反向运动，然后按指令动作。如图 11-3 所示，工作台正向移动到 O 点，然后反向移动到 P_i 点，反向运动时，电动机（丝杠）先反向移动$\overline{B}$，后移动到 P_i；该过程 CNC 系统实际指令运动值 L 为：$L=P_i+\overline{B}$。

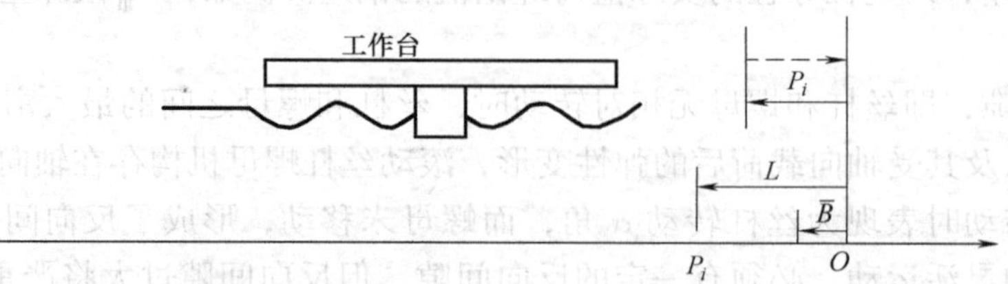

图 11-3 反向间隙补偿原理

反向间隙补偿在坐标轴处于任何方式时均有效。在系统进行了双向螺距补偿时，双向螺距补偿的值已经包含了反向间隙，因此，此时不需设置反向间隙的补偿值。

3. 数控机床定位精度的测量方法及工具

（1）数控机床位置精度常用的测量方法及评定标准

1）定位精度和重复定位精度的确定 按国标 GB/T 17421. 2—2000 的评定方法。

目标位置 P_i：运动部件编程时要达到的位置，下标 i 表示沿轴线选择的目标位置中的特定位置。

实际位置 P_{ij}（$i=0\sim m$，$j=1\sim n$）：运动部件第 j 次向第 i 个目标位置趋近时，实际测得的到达位置。

位置偏差 x_{ij}：运动部件到达的实际位置与其目标位置之差，$x_{ij}=P_{ij}-P_i$。

单向趋近：运动部件以相同的方向沿轴线（指直线运动）或绕轴线（指旋转运动）趋近某目标位置的一系列测量。符号“↑”表示从正向趋近所得参数，符号“↓”表示从负向趋近所得参数，如 $x_{ij}\uparrow$、$x_{ij}\downarrow$。

双向趋近：运动部件从两个方向沿轴线或绕轴线趋近某一目标位置的一系列测量。

某一位置的单向平均位置偏差$\overline{x}_i\uparrow$或（$\overline{x}_i\downarrow$）：运动部件 n 次单向趋近某一位置 P_i 所得的位置偏差的算术平均值，即

$$\overline{x}_i\uparrow=\frac{1}{n}\sum_{j=1}^{n}x_{ij}\uparrow,\quad \overline{x}_i\downarrow=\frac{1}{n}\sum_{j=1}^{n}x_{ij}\downarrow$$

某一位置的双向平均位置偏差$\overline{x}_i$：运动部件从两个方向趋近某一位置 P_i 所得的单向平均位置偏差$\overline{x}_i\uparrow$和$\overline{x}_i\downarrow$的算术平均值，即

$$\overline{x}_i=(\overline{x}_i\uparrow+\overline{x}_i\downarrow)/2$$

某一位置的反向差值 B_i：运动部件从两个方向趋近某一位置时，两单向平均位置偏差之差值，即

$$B_i=\overline{x}_i\uparrow-\overline{x}_i\downarrow$$

轴线反向差值 B 和轴线平均反向差值$\overline{B}$：运动部件沿轴线或绕轴线的各目标位置的反向

差值的绝对值 $|B_i|$ 中的最大值即为轴线反向差值 B，沿轴线或绕轴线的各目标位置的反向差值的 B_i 的算术平均值即为轴线平均反向差值 $\overline{B}$，即

$$B = \max[|B_i|],\quad \overline{B} = \frac{1}{m}\sum_{i=1}^{m} B_i$$

在某一位置的单向定位标准不确定度的估算值 $S_i\uparrow$ 或 $S_i\downarrow$：通过对某一位置 P_i 的 n 次单向趋近所获得的位置偏差标准不确定度的估算值，即

$$S_i\uparrow = \sqrt{\frac{1}{n-1}\sum_{j=1}^{n}(x_{ij}\uparrow - \overline{x}_i\uparrow)^2},\quad S_i\downarrow = \sqrt{\frac{1}{n-1}\sum_{j=1}^{n}(x_{ij}\downarrow - \overline{x}_i\downarrow)^2}$$

在某一位置的单向重复定位精度 $R_i\uparrow$（或 $R_i\downarrow$）及双向重复定位精度 R_i，则有

$$R_i\uparrow = 4S_i\uparrow,\quad R_i\downarrow = 4S_i\downarrow$$

$$R_i = \max[2S_i\uparrow + 2S_i\downarrow + |B_i|,\quad R_i\uparrow, R_i\downarrow]$$

轴线双向重复定位精度 R，则有

$$R = \max[R_i]$$

轴线双向定位精度 A：由双向定位系统偏差和双向定位标准不确定度估算值的 2 倍的组合来确定的范围，即

$$A = \max(\overline{x}_i\uparrow + 2S_i\uparrow, \overline{x}_i\downarrow + 2S_i\downarrow) - \min(\overline{x}_i\uparrow - 2S_i\uparrow, \overline{x}_i\downarrow - 2S_i\downarrow)$$

2）定位精度和重复定位精度的确定（日本标准 JISB 6201）

定位精度 A：在测量行程范围内测 5 点，取一次测量中最大位置偏差与最小位置偏差之差的一半的值，加正负号（±）作为该轴的定位精度，即

$$A = \pm\frac{1}{2}\{\max[(\max(\overline{x}_i\Uparrow) - \min(\overline{x}_i\Uparrow)),\quad (\max(\overline{x}_i\Downarrow) - \min(\overline{x}_i\Downarrow))]\}$$

重复定位精度 R：在测量行程范围内任取 3 点，在每点重复 5 次，取每点最大值与最小值之差除 2，即

$$R = \frac{1}{2}\{\max[(\max(x_i) - \min(x_i))]\}$$

（2）定位精度测量工具和方法　测量定位精度和重复定位精度的仪器是激光干涉仪、线纹尺、步距规。其中因用步距规测量定位精度时操作简单而在批量生产中被广泛采用。无论采用哪种测量仪器，其在全行程上的量点数不应少于 5 点，测量间距按下式确定

$$P_i = iP + k$$

式中　P——测量间距；

k——在各目标位置时取不同的值，以获得全测量行程上各目标位置的不均匀间隔，从而保证周期误差被充分采样。

实验采用步距规的结构如图 11-4 所示：尺寸 P_1、P_2、…、P_i 按 100mm 间距设计，加工后测量出的实际尺寸作为定位精度检测时的目标位置坐标（测量基准）。工作台标准检验循环图如图 11-5 所示。

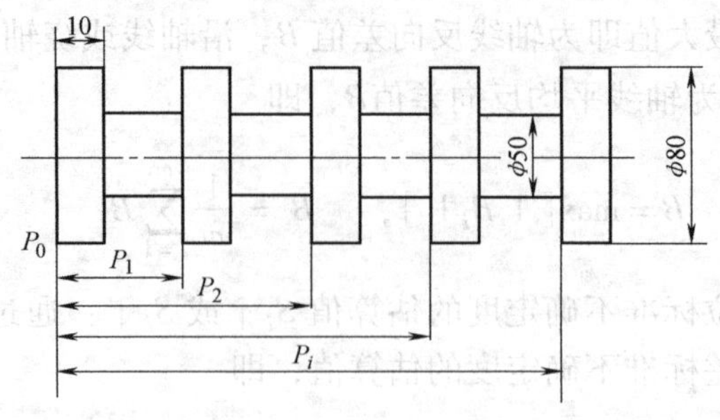

图 11-4　步距规结构

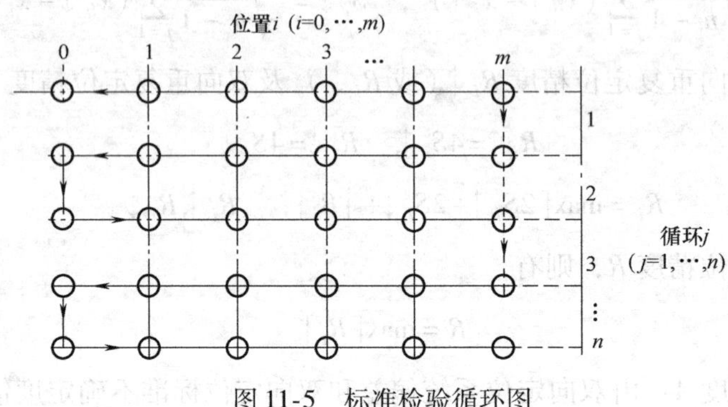

图 11-5　标准检验循环图

11.4　实训步骤与内容

项目　Z 轴的螺距补偿

1. 实训步骤

(1) 首先了解螺距补偿原理，掌握螺距补偿的操作步骤和方法。

(2) 然后进行丝杠误差测绘、补偿。

2. 实训内容

实训台的 Z 轴装有光栅尺，利用光栅尺可以较精确地测出工作台移动的实际位置，比较一下系统的指令值和光栅尺的读数值，得出偏差值，将此偏差值存入系统对应位置的补偿表内，即完成误差补偿。系统最大可提供 128 个补偿点。

(1) 补偿步骤

1) 首先在系统中安装光栅尺，并正确设置参数。注意：一定要将轴参数的定位误差与跟踪误差设置为 0，然后通过参数菜单进入轴补偿参数功能，将参数表内原补偿值清零。

2) 系统重新回零，以便使工作台运行在一个完全没有经过参数补偿的状态。

3) 编辑运行下面的测量程序。

```
%1010
G92 X0 Y0 Z0
WHILE [TRUE]
G01 Z5 F300
```

```
Z0
G04 P4
Z-30        反向补偿间隔测量间距为30mm
G04 P4      延时,读数并记录
Z-60
G04 P4
Z-90
G04 P4
Z-120
G04 P4
Z-150
G04 P4
Z-160
Z-150
G04 P4
Z-120       正向补偿间隔测量间距为30mm
G04 P4      延时,读数并记录
Z-90
G04 P4
Z-60
G04 P4
Z-30
G04 P4
Z0
G04 P4
Z5
ENDW
M02
```

4）误差的测量与计算。将补偿前的检测结果存入表11-1，并绘制螺距误差偏差曲线，如图11-6所示。

表11-1　补偿前的检测结果

实验数据	检 测 结 果						
被测点位置	5	4	3	2	1	0	
指令坐标值/mm	0	-30	-60	-90	-120	-150	
光栅反馈坐标值/mm							
负向移动实际坐标值/mm							
正向移动实际坐标值/mm							
负向误差/μm							
正向误差/μm							

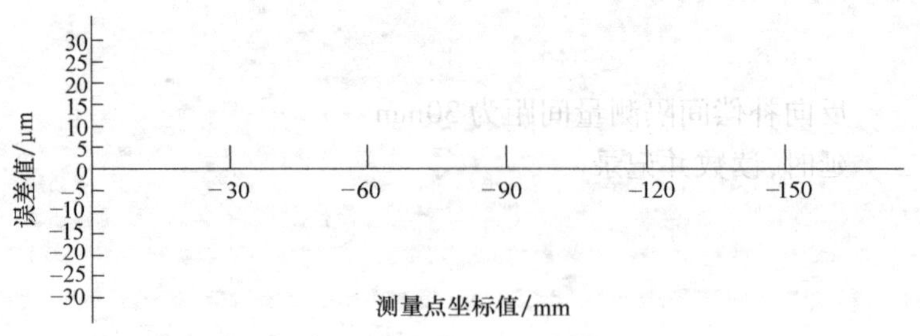

图 11-6 螺距误差偏差曲线图（一）

在表 11-1 中，可以看到：

① 误差值 = 指令机床坐标值减去实际机床坐标值。

② 测试点从机床负向最远点按 0、1、2、3、4、5 排列。

③ 负向移动实际坐标值及正向移动实际坐标值可以通过光栅尺的实际读数计算出来。

根据所测误差，绘制 Z 轴螺距误差偏差曲线图。

（2）单向螺距补偿　采用单向螺距补偿，系统参数中的轴补偿参数（一）修改如表 11-2所示。

表 11-2　轴补偿参数（一）

参 数 名 称	数　值	参 数 名 称	数　值
螺距补偿类型	1	参考点偏差号	5
补偿点数	6	补偿间隔	30000

将已测出的 Z 轴负向移动的误差值分别输入到轴补偿参数中的偏差值（内部脉冲当量）[0]、[1]、[2]、[3]、[4]、[5] 中，按照被测点位置的排列顺序 0、1、2、3、4、5 输入。

输入完成后，重新起动系统，回零。再次运行检测程序，观察测量结果，比较误差值有无变化。将检测结果（一）存入表 11-3，并绘制螺距误差偏差曲线图，如图 11-7 所示。

表 11-3　补偿后的检测结果（一）

实验数据/μm	检 测 结 果					
被测点位置	5	4	3	2	1	0
指令坐标值/mm	0	-30	-60	-90	-120	-150
光栅反馈坐标值/mm						
负向移动实际坐标值/mm						
正向移动实际坐标值/mm						
负向误差/μm						
正向误差/μm						

（3）双向螺距补偿　采用双向螺距补偿，系统参数中的轴补偿参数（二）修改如表 11-4所示。

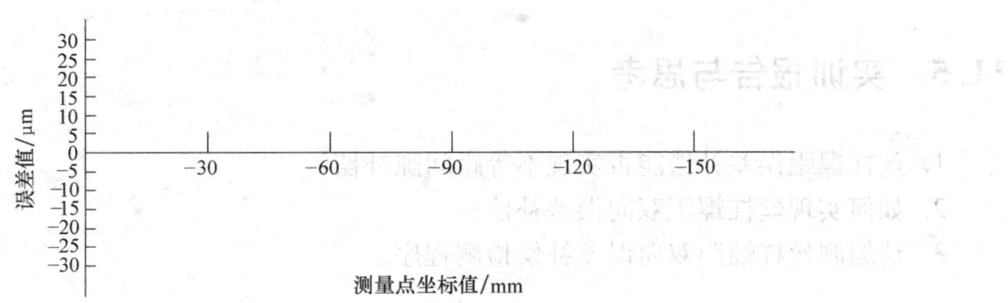

图 11-7 螺距误差偏差曲线图（二）

表 11-4 轴补偿参数（二）

参数名称	数值	参数名称	数值
螺距补偿类型	2	参考点偏差号	5
补偿点数	6	补偿间隔	30000

将已测出的 Z 轴正向移动的误差值分别输入到轴补偿参数中的偏差值（内部脉冲当量）[0]、[1]、[2]、[3]、[4]、[5] 中，按照被测点位置的排列顺序 0、1、2、3、4、5 输入。

将已测出的 Z 轴负向移动的误差值分别输入到轴补偿参数中的偏差值（内部脉冲当量）[6]、[7]、[8]、[9]、[10]、[11] 中，按照被测点位置的排列顺序 0、1、2、3、4、5 输入。

输入完成后，重新起动系统，回零。再次运行检测程序，观察测量结果，看误差值有无变化，将检测结果（二）填入表 11-5，并绘制螺距误差偏差曲线图，如图 11-8 所示。

表 11-5 补偿后的检测结果（二）

实验数据	检测结果					
被测点位置	5	4	3	2	1	0
指令坐标值/mm	0	−30	−60	−90	−120	−150
光栅反馈坐标值/mm						
负向移动实际坐标值/mm						
正向移动实际坐标值/mm						
负向误差/μm						
正向误差/μm						

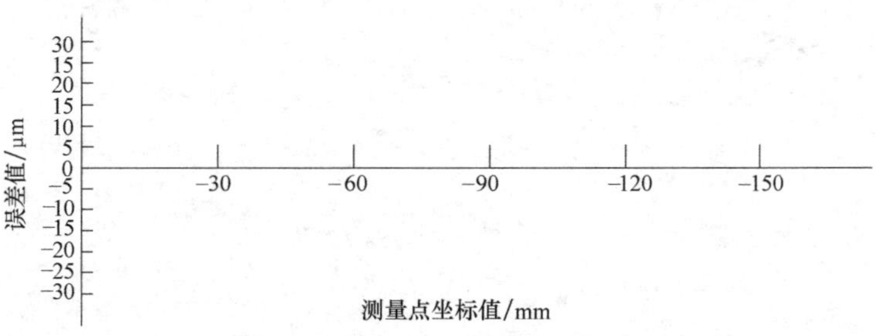

图 11-8 螺距误差偏差曲线图（三）

11.5 实训报告与思考

1. 丝杠螺距误差补偿能否实现不等距间隙补偿?
2. 如何实现丝杠螺距双向误差补偿?
3. 请编制丝杠螺距双向误差补偿检测程序。

附　　录

附录 A　数控系统综合实训台相关电路图

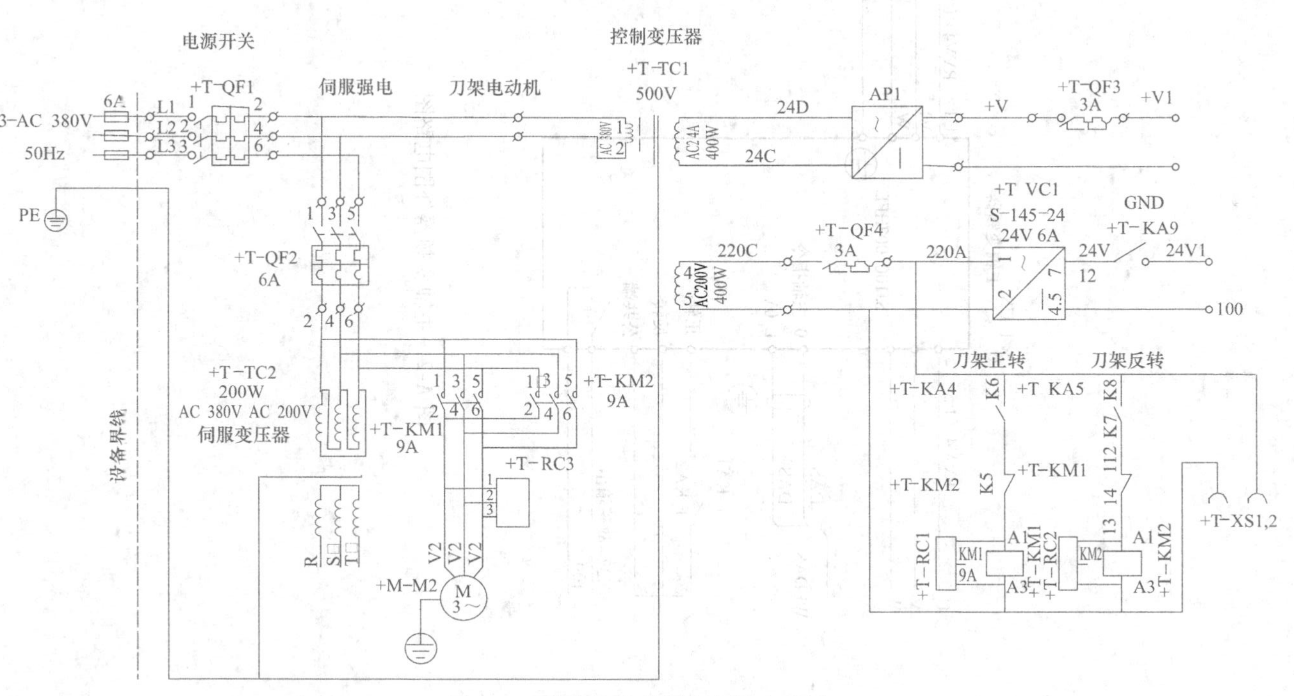

图 A-1　数控综合实训台电源电路图

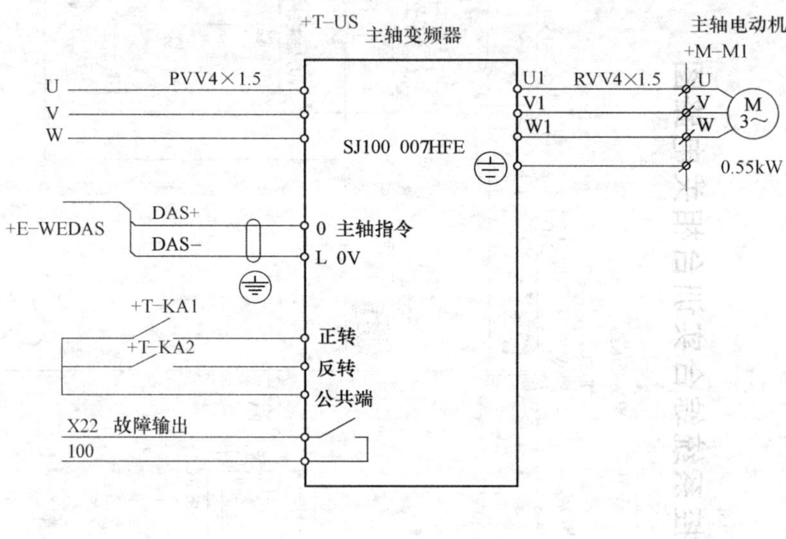

图 A-2 主轴变频器外围电路图

数控装置
HNC—21TF
XS30
XS31
XS32
+E-WECOMX
+E-WECOMZ
P1
+T-SDMX
X轴驱动模块
M535S
P2
GND
+V
GND
+V1
A+
A-
B+
B-
+E-WEPOX
A+
C+
B+
D+
+M-MX
M
57HS13
CN1
+T-SDMZ
Z轴伺服模块
RSIA01AA
CNA
R
S
T
r
t
R
S
T
220A
220B
CNC
U
V
W
PE
CN2
+E-WEPOZ
UZ
VZ
WZ
PE
+E-WEPGZ
+M-MZ
红
白
黑
绿
MS
3～
PG
P50B05020DXSIJ
+E WECOMZ
Z轴控制指令线
100
Y16
24V1
X17
X20
+T-KA10
330
37 SRV-ON
15 A-RST
49,50 CONT-COM
40 ALM
41 S-RDY
+E-WECPMX
X轴控制指令线
-NC-XS30
A+
A-
B+
B-
Z+
Z-
GND
GND
CP+
CP-
DIR+
DIR-
P1
PUI+
PUI-
DIR+
DIR-
DB15座针头孔
XS32
A+
A-
B+
B-
Z+
Z-
+5V
-5V
GND
GND
OUTA
CP+
CP-
DIR+
DIR-
R1
510Ω
3 OA+
4 OA-
5 OB+
6 OB-
7 OZ+
8 OZ-
20 SG
21 -VREF
26 F-PC
47 /F-PC
28 R-PC
48 /R-PC
-SDMZ-CN2
A+ 3
A- 4
B+ 5
B- 6
C+ 7
C- 8
+5V 19
OV 20
+E-WEPGZ
Z轴电动机码盘线
-MZ-PG
蓝 A+
棕 A-
绿 B+
紫 B-
白 C+
黄 C-
红 +5V
黑 OV
H
进给驱动单元

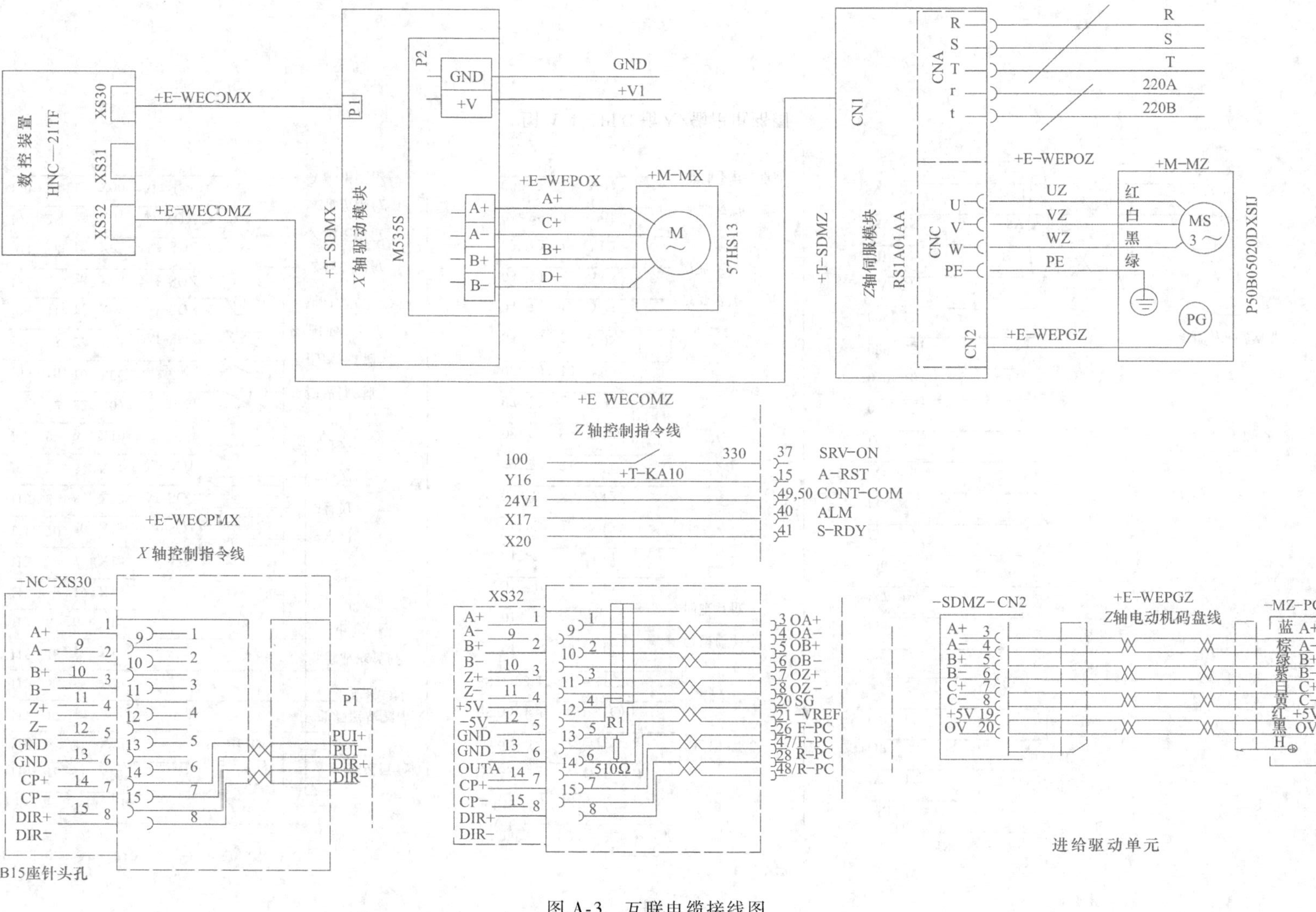

图 A-3　互联电缆接线图

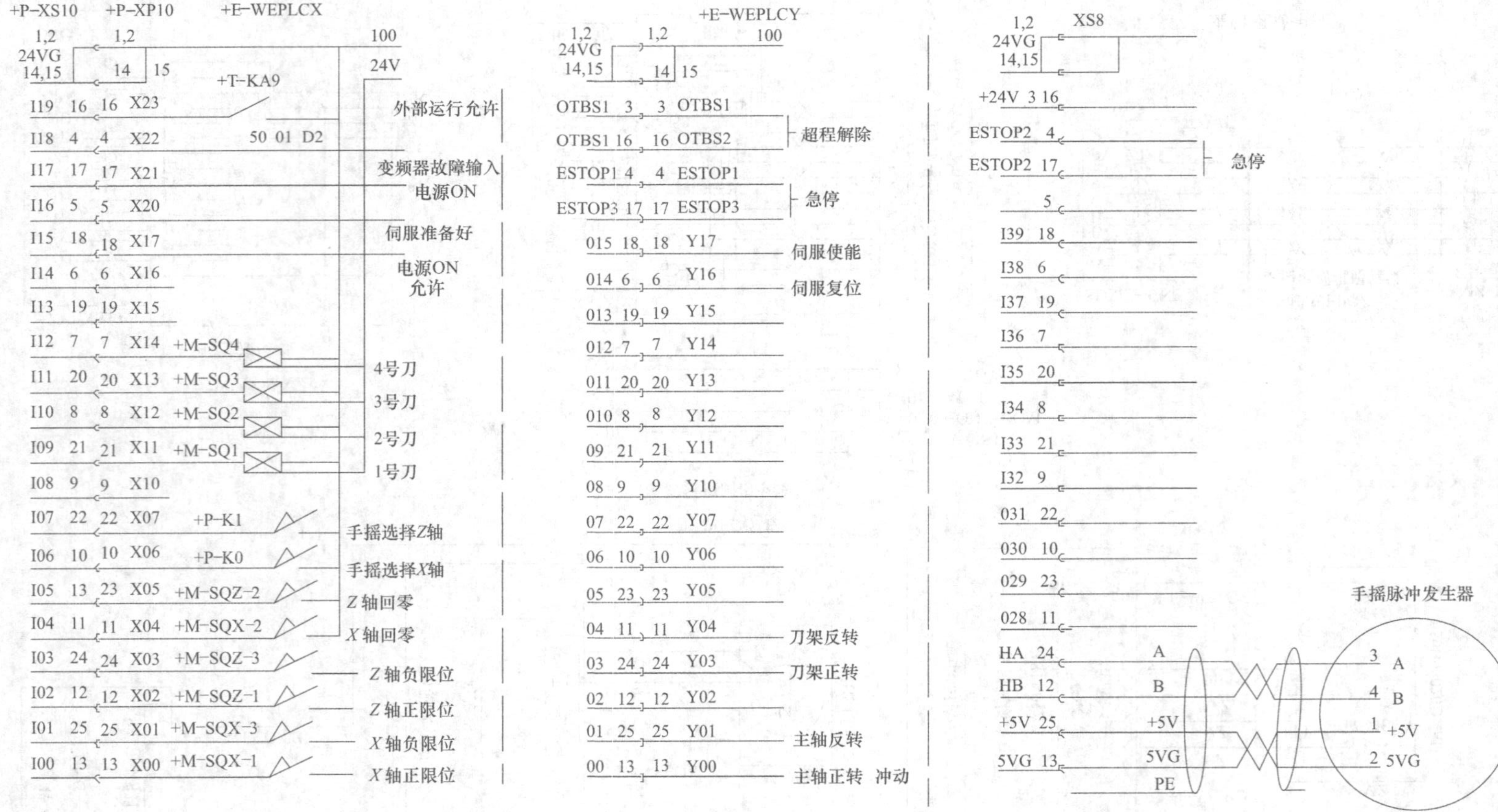

图 A-4 PLC 输入/输出电路图

+T-APR (HC5301-R)
J1
J2
J3
J4
J5
主轴正转
主轴反转
刀架正转
刀架反转
KA1
KA2
KA3
KA4
KA5
KA6
KA7
KA8
KA9
KA10

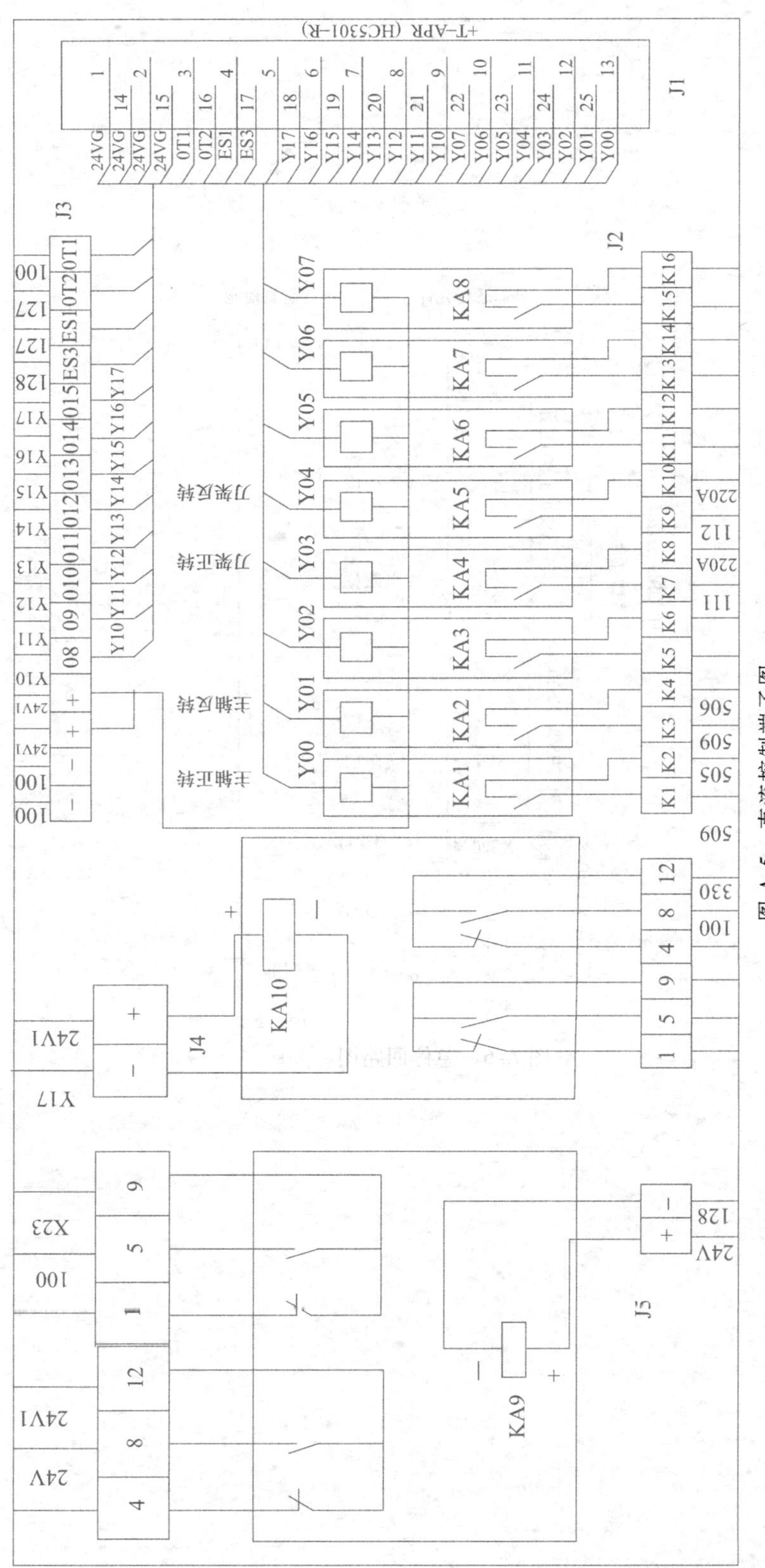

图 A-5 直流控制端子图

外部运行允许
伺服使能
100
Y17
XS20 3 (OTBS1)
−SQX−1
X 正限位
+P−CBD−SB2
超程解除
−SQX−3
X 负限位
(OTBS2) XS20 16
−SQZ−1
Z 正限位
−SQZ−3
Z 负限位
+P−CBD−SB1
急停
XS20 4
(ESTOP1)
XS20 17
(ESTOP3)
+T−KA9
+T−KA10
24V
24V1

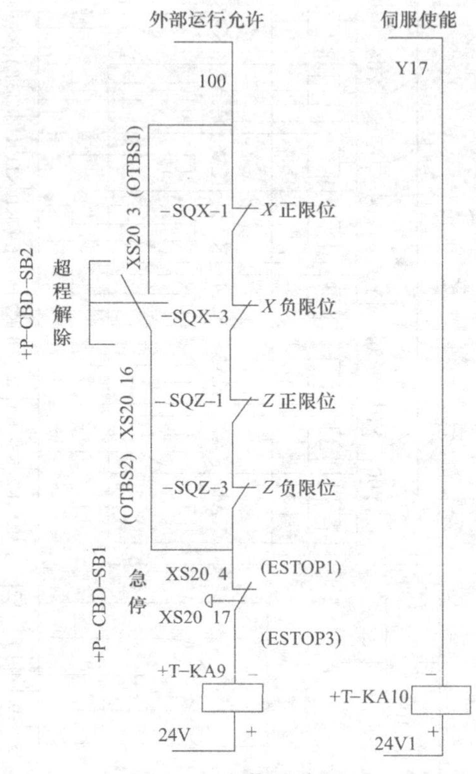

图 A-6 急停回路图

附录 B　卧式车床几何精度检验项目

序号	检测内容		检测方法	允许误差/mm	实测误差
1	往复台 Z 轴方向运动的直线度	(1) Z 轴方向垂直平面内		0.05/1000	
		(2) X 轴方向垂直平面内			
		(3) X 轴方向水平平面内		全长 0.01	
2	主轴端面跳动			0.02	
3	主轴径向跳动				
4	主轴中心线与往复台 Z 轴方向运动的平行度	(1) 垂直平面内		0.02/300	
		(2) 水平平面内			
5	主轴中心线与 X 轴的垂直度			0.02/200	

（续）

序号	检测内容		检测方法	允许误差/mm	实测误差
6	主轴中心线与刀具中心线的偏离程度	（1）垂直平面内	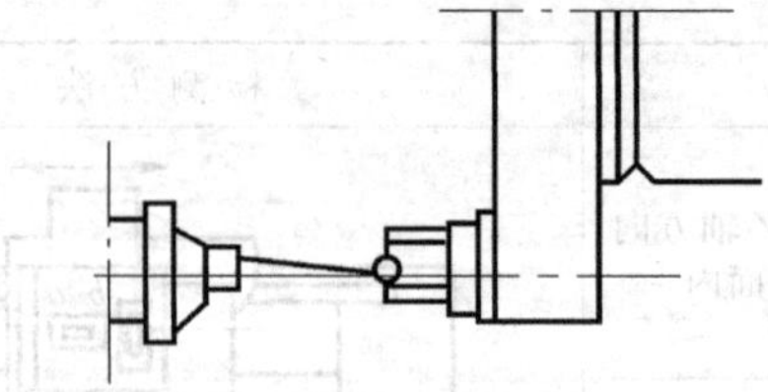	0.05	
		（2）水平平面内	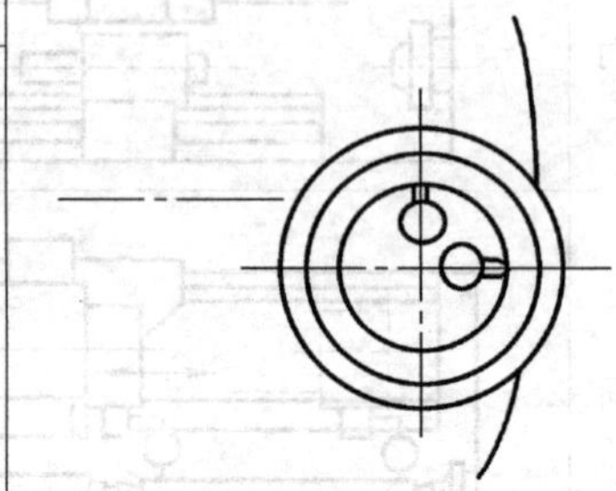		
7	床身导轨的平行度	（1）山形外侧	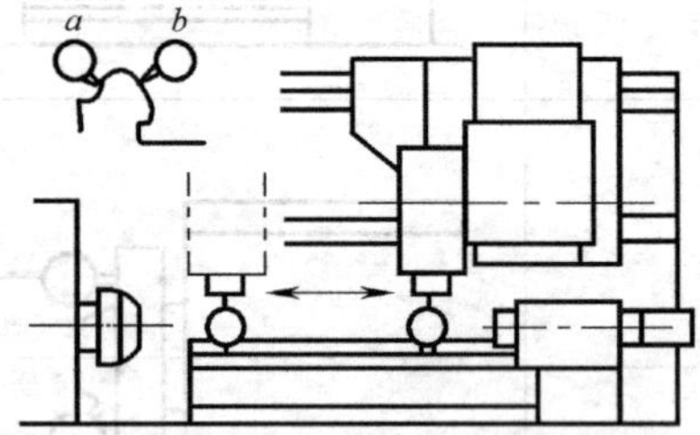	0.02	
		（2）山形内侧			
8	往复台 Z 轴方向运动与尾座中心线的平行度		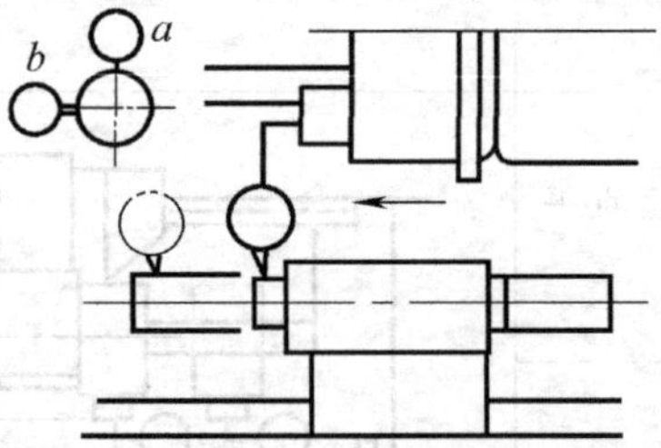	0.02/100 0.01/100	
9	主轴与尾座中心线之间的高度偏差		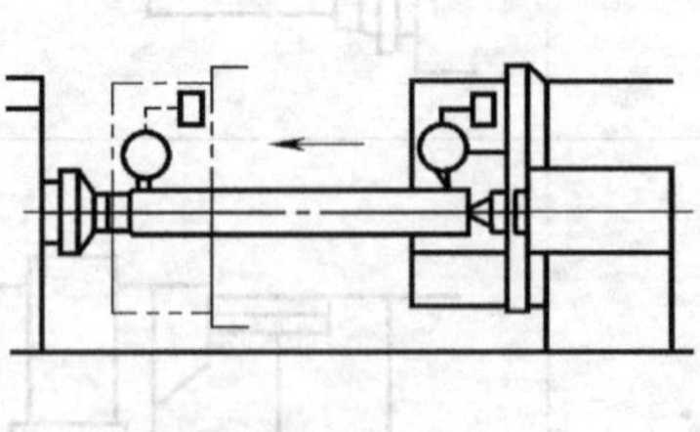	0.03	
10	尾座回转径向跳动		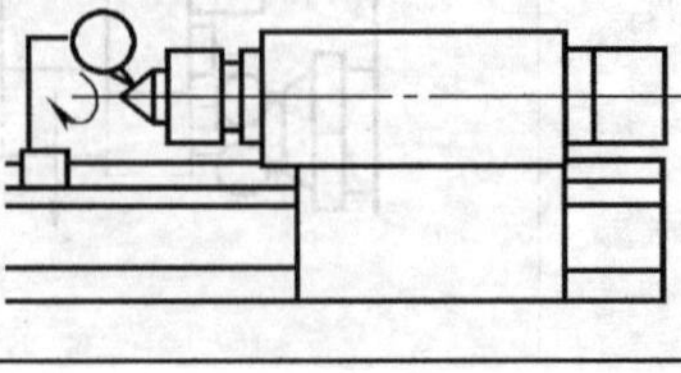	0.02	

附录 C　加工中心几何精度检验项目

序号	检测内容		检测方法	允许误差/mm	实测误差
1	主轴箱沿 *Z* 轴方向移动的直线度	(1)*X* 轴方向	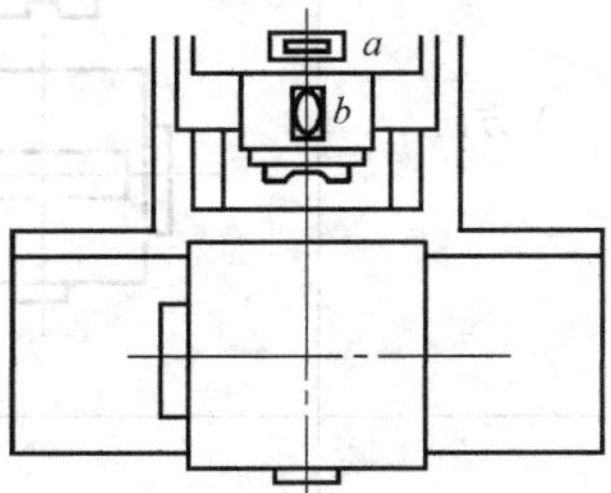	0.04/1000	
		(2)*Z* 轴方向			
		(3)*Z*-*X* 面内 *Z* 轴方向	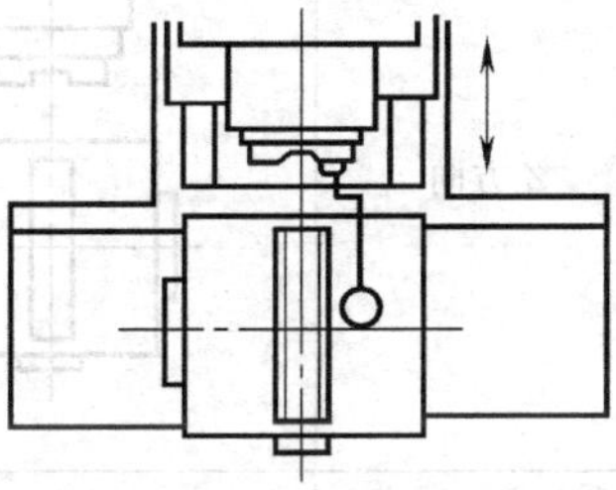	0.01/500	
2	工作台沿 *X* 轴方向移动的直线度	(1)*X* 轴方向	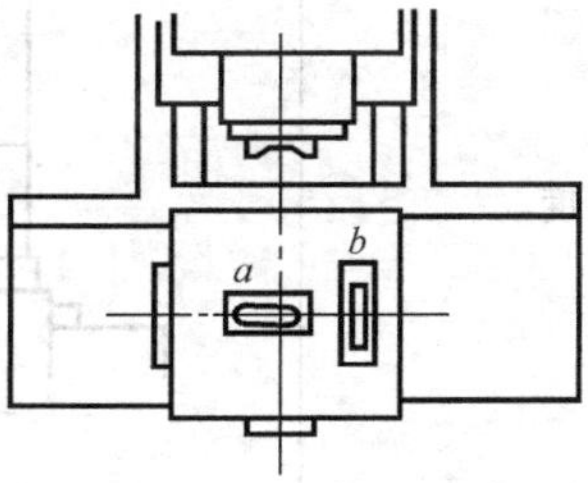	0.04/1000	
		(2)*Z* 轴方向			
		(3)*Z*-*X* 面内 *Z* 轴方向	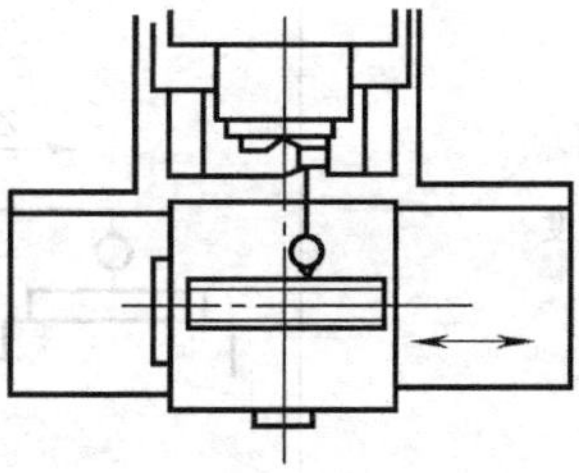	0.01/500	
3	主轴箱沿 *Y* 轴方向移动的直线度	(1)*X*-*Y* 平面	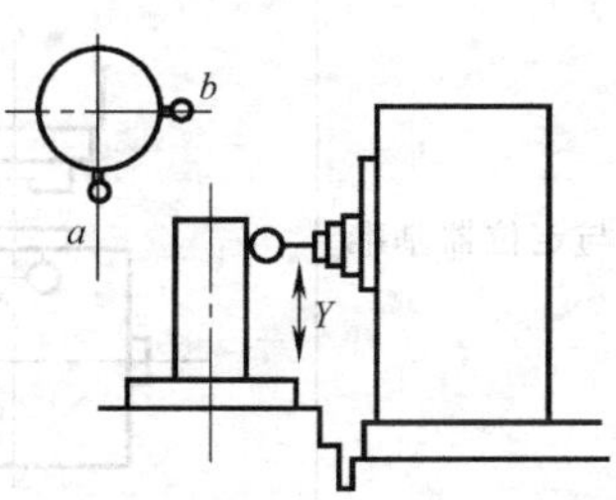	0.01/500	
		(2)*Y*-*Z* 平面			

（续）

序号	检测内容		检测方法	允许误差/mm	实测误差
4	工作面表面的直线度	X方向		0.015/500	
		Z方向			
5	X轴移动工作台面的平行度		X	0.02/500	
6	Z轴移动工作台面的平行度		Z	0.02/500	
7	X轴移动时工作台边界与定位器基准面的平行度		X	0.015/500	

（续）

序号	检测内容		检测方法	允许误差/mm	实测误差
8	各坐标轴之间的垂直度	X 和 Y 轴		0.015/300	
		Y 和 Z 轴		0.015/300	
		X 和 Z 轴		0.015/300	
9	回转工作台表面的振动			0.02/500	
10	主轴轴向跳动			0.005	
11	主轴孔径向跳动	（1）靠主轴端		0.01	
		（2）离主轴端300mm 处		0.02	
12	主轴中心线对工作台面的平行度	（1）Y-Z 平面内		0.015/300	
		（2）X-Z 平面内			

（续）

序号	检 测 内 容		检 测 方 法	允许误差/mm	实测误差
13	回转工作台回转 90°的垂直度		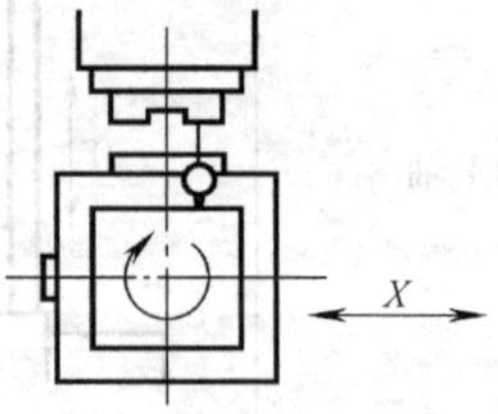	0.01	
14	回转工作台中心线到边界定位器基准面之间的距离精度	工作台 A	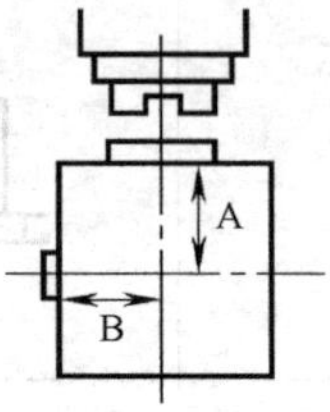	±0.02	
		工作台 B			
15	交换工作台的重复交换定位精度	*X* 轴方向	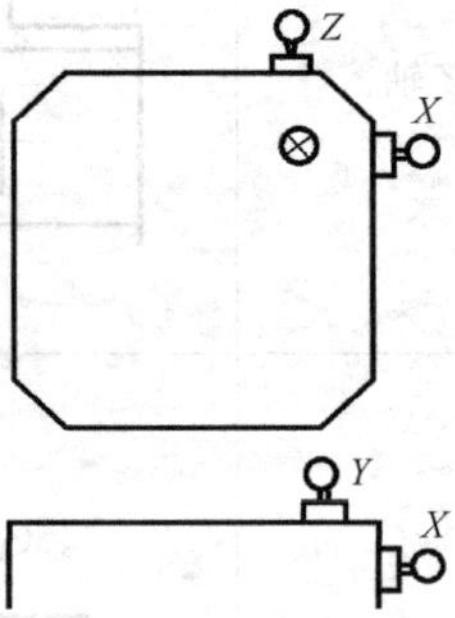	0.01	
		Y 轴方向			
		Z 轴方向			
16	各交换工作台的等高度		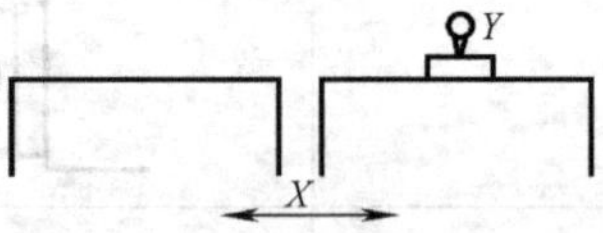	0.02	
17	分度回转工作台的分度精度		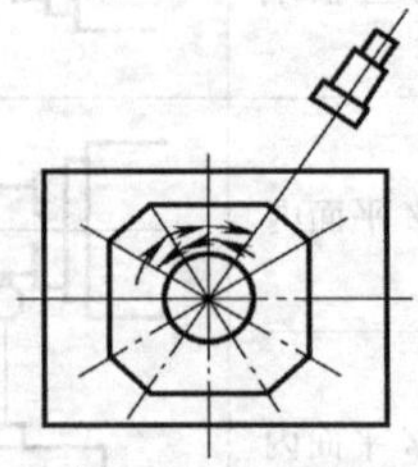	10″	

附录 D　卧式加工中心切削精度检验项目

序号	检测内容		检测方法	允许误差/mm	实测误差
1	镗孔精度	圆度	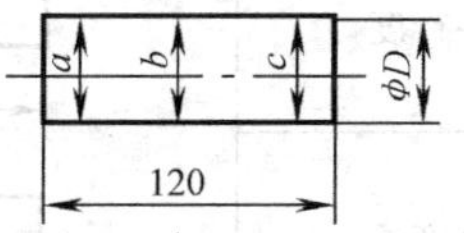 a b c ϕD 120	0.01	
		圆柱度	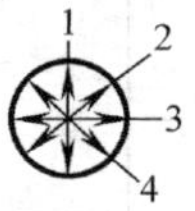 1 2 3 4	0.01/100	
2	端铣刀铣平面精度	平面度	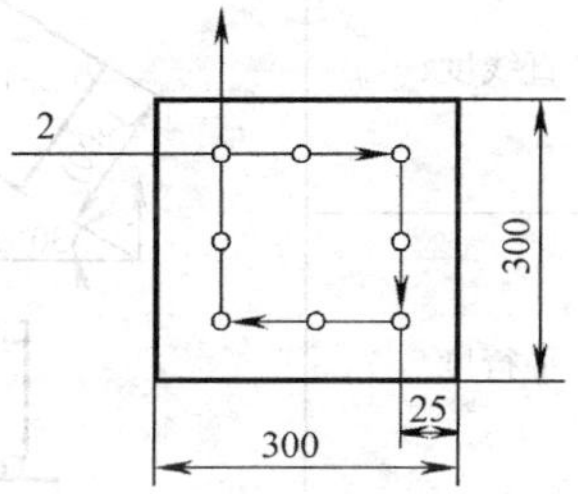 2 300 300 25	0.01	
		阶梯差		0.01	
3	端铣刀铣侧面精度	垂直度	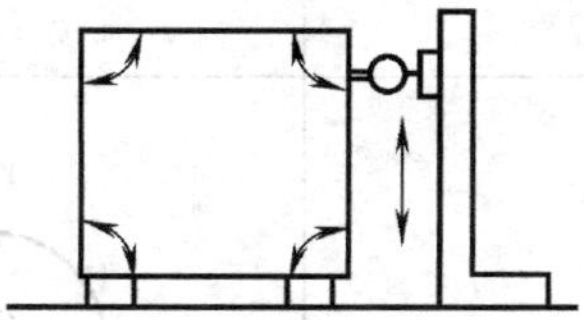	0.02/300	
		平行度		0.02/300	
4	镗孔孔距精度	X 轴方向	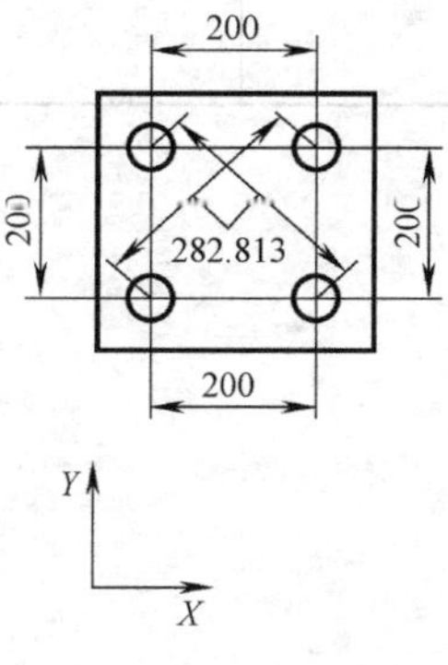 200 200 200 200 282.813 Y X	0.02	
		Y 轴方向			
		对角线方向		0.03	
		孔径偏差		0.01	

（续）

序号	检测内容		检测方法	允许误差/mm	实测误差
5	立铣刀铣削四周面精度	直线度	(300) (300) 20 Y X	0.01/300	
		平行度		0.02/300	
		厚度差		0.03	
		垂直度		0.02/300	
6	两轴联动铣削直线精度	直线度	(300) (300) Y 30° X	0.015/300	
		平行度		0.03/300	
		垂直度		0.03/300	
7	立铣刀铣削圆弧精度		Y (φ250) X 20	0.02	

参考文献

[1] 王侃夫. 数控机床故障诊断及维护 [M]. 北京：机械工业出版社，2001.
[2] 余仲裕. 数控机床维修 [M]. 北京：机械工业出版社，2001.
[3] 王丽洁. 数控加工工艺与装备 [M]. 北京：清华大学出版社，2006.
[4] 陈吉红，杨克冲. 数控机床实验指南 [M]. 武汉：华中科技大学出版社，2003.
[5] 潘海丽. 数控机床故障分析与维修 [M]. 西安：西安电子科技大学出版社，2006.